高职高专“十三五”规划教材

计算机数学基础

郭宝宇　杨　斌　主编
王丽丽　王　莹　张　丹　李　靓　副主编

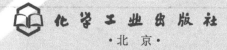

化学工业出版社
·北京·

本书由理论篇、实验篇和实践篇三部分组成，共7章，内容包括函数极限、导数与微分、不定积分、定积分、线性代数、离散数学、数学实验和数学实践. 每章后都配有适量的习题，以供教师和学生选用. 书后还附有参考答案，学生可自学使用. 本书在内容编排上力求做到深入浅出，通俗易懂，直观精炼，注重技能，突出实用性、应用性和工具性的特点.

本书可作为高职高专院校计算机类专业高等数学课程的教材或教学参考书.

图书在版编目（CIP）数据

计算机数学基础 / 郭宝宇，杨斌主编. —北京：化学工业出版社，2016.9（2025.2重印）

ISBN 978-7-122-27702-2

Ⅰ. ①计… Ⅱ. ①郭… ②杨… Ⅲ. ①电子计算机－数学基础 Ⅳ. ①TP301.6

中国版本图书馆CIP数据核字（2016）第172311号

责任编辑：蔡洪伟　石　磊

责任校对：宋　玮　　　　装帧设计：张　辉

出版发行：化学工业出版社（北京市东城区青年湖南街13号　邮政编码100011）

印　　装：北京天宇星印刷厂

787mm×1092mm　1/16　印张10¼　字数252千字　2025年2月北京第1版第3次印刷

购书咨询：010-64518888（传真：010-64519686）　售后服务：010-64518899

网　　址：http://www.cip.com.cn

凡购买本书，如有缺损质量问题，本社销售中心负责调换。

定　　价：30.00元

前　言

高职教育是我国高等教育体系的重要组成部分。近年来，高职教育呈现出快速发展的趋势，办学思想日益明确，办学规模不断扩大，教育教学改革不断深化。高职教育以培养生产第一线需要的高技能型人才为目标，教学应定位在“以应用为目的，以必需、够用为度”的原则上。本教材力求从高职教学的新模式需要出发，精心组织编写，以供计算机专业的学生使用。本书的内容深入浅出，论证简洁，易于教，便于学，体现了数学工具的实用性和应用的广泛性。

本书共有三篇，具体内容包括：函数极限、导数与微分、不定积分、定积分、线性代数、离散数学、数学实验和数学实践。每章后都配有一定数量的习题，以供教师和学生选用。书末附有部分习题的答案，以便学生自学使用。

本书由郭宝宇、杨斌任主编，王丽丽、王莹、张丹、李靓担任副主编，尹江艳、任路平、徐莹、刘颖参编。

本书在编写过程中参阅了许多教材和资料，在此对相关人员表示衷心的感谢！由于编者水平有限，书中难免有考虑不周之处，所以希望得到各位专家、同行和读者的批评指正，使本书能够在实践中不断得以完善。

编　者

2016 年 10 月

目 录

第一篇 理 论 篇

第1章 微积分

第2章 线性代数

第3章 离散数学

第二篇 实 验 篇

第4章 微积分实验

第一篇

理论篇

第 1 章 微积分

微积分学对变量的研究为我们提供了与以往不同的思维方式. 它的数学思想被广泛地应用于自然科学的各个领域，已经成为学习计算机科学和理工类专业课程不可缺少的理论基础.

1.1 极限

微积分学研究的对象是函数，研究的方法是极限，也就是说用极限的方法来研究函数. 现将微积分中涉及的函数基本知识做个回顾和总结.

1.1.1 函数

所谓函数就是变量之间的依赖关系. 我们在中学已经学过的基本初等函数有六种，包括常数函数、幂函数、指数函数、对数函数、三角函数和反三角函数. 为了今后学习和查阅方便，现将基本初等函数介绍如下：

常数函数：$y=c \quad x\in(-\infty,+\infty)$.

幂函数：$y=x^{\alpha}$（α 为任意实数），α 不同，定义域不同.

指数函数：$y=a^{x}$（$a\neq1,a>0$），$x\in(-\infty,+\infty)$.

对数函数：$y=\log_{a}x$（$a\neq1,a>0$），$x\in(0,+\infty)$.

三角函数：$y=\sin x$，$y=\cos x$，$y=\tan x$，$y=\cot x$，$y=\sec x$，$y=\csc x$.

反三角函数：$y=\arcsin x$，$y=\arccos x$，$y=\arctan x$，$y=\operatorname{arccot} x$.

在实际问题中，有时两个变量之间的联系是通过另外变量来实现的. 例如，出租车的车费 y 是里程 s 的函数，里程 s 又是时间 t 的函数，因此车费 y 也是时间 t 的函数. 这种将一个函数代入另一个函数的运算叫作复合运算.

定义 1-1 如果 y 是 u 的函数 $y=f(u)$，而 u 又是 x 的函数 $u=\varphi(x)$，通过 u 将 y 表示为 x 的函数，即

$$y=f[\varphi(x)]$$

则 y 就称为 x 的复合函数，其中 u 为中间变量.

值得注意的是并不是任意两个函数都能构成复合函数，如 $y=\arcsin u$ 和 $u=x^2+2$ 就无法复合，因为 $u=x^2+2$ 的值域不在 $y=\arcsin u$ 的定义域内. 另外，复合函数的中间变量可以不止一个，如 $y=\sin^2 2x$ 是由 $y=u^2$，$u=\sin v$，$v=2x$ 复合而成. 复合函数分解的原则是：每

一个简单函数必须是基本初等函数或有理数 $\frac{P(x)}{Q(x)}$，这样便于在微积分运算中利用简单函数公式来研究复杂函数.

例 1-1 指出下列复合函数的复合过程.

（1）$y=\sqrt{x^2+2}$；（2）$y=\sin^2 x$；（3）$y=3^{\tan 2x}$.

解 （1）$y=\sqrt{x^2+2}$ 是由 $y=u^{\frac{1}{2}}$，$u=x^2+2$ 复合而成.

（2）$y=\sin^2 x$ 是由 $y=u^2$，$u=\sin x$ 复合而成.

（3）$y=3^{\tan 2x}$ 是由 $y=3^u$，$u=\tan v$，$v=2x$ 复合而成.

由基本初等函数经有限次四则运算和复合过程并用一个式子表示的函数，称为初等函数. 微积分学中讨论的函数绝大多数为初等函数.

1.1.2 函数的极限

函数的极限与自变量的变化趋势有密切关系，我们主要研究自变量的绝对值趋于无穷大（$x\to\infty$）和自变量趋于常数（$x\to x_0$）时函数的极限.

1.1.2.1 当 $x\to\infty$ 时函数 $f(x)$ 的极限

函数极限中 $x\to\infty$ 的含义是：取正值无限增大，记 $x\to+\infty$，取负值绝对值无限增大，记 $x\to-\infty$ 为描述这种变化. 给出 $x\to\infty$ 时函数极限的定义.

定义 1-2 如果当 $x\to+\infty$（或 $x\to-\infty$）时，函数 $f(x)$ 无限地接近一个确定常数 A，则常数 A 称为函数 $f(x)$ 当 $x\to+\infty$（或 $x\to-\infty$）时的极限，记作

$$\lim_{x\to+\infty} f(x)=A \quad (\text{或} \lim_{x\to-\infty} f(x)=A)$$

例如 $\lim\limits_{x\to+\infty}\frac{1}{x}=0$ 及 $\lim\limits_{x\to-\infty}\frac{1}{x}=0$，所以有 $\lim\limits_{x\to\infty}\frac{1}{x}=0$. 又如 $\lim\limits_{x\to+\infty}\arctan x=\frac{\pi}{2}$，而 $\lim\limits_{x\to-\infty}\arctan x=-\frac{\pi}{2}$，由于当 $x\to+\infty$ 与 $x\to-\infty$ 时，函数 $y=\arctan x$ 不趋于同一确定的常数，所以 $\lim\limits_{x\to\infty}\arctan x$ 不存在. 可以证明

$$\lim_{x\to\infty} f(x)=A \Leftrightarrow \lim_{x\to+\infty} f(x)=A \text{ 且 } \lim_{x\to-\infty} f(x)=A .$$

1.1.2.2 当 $x\to x_0$ 时函数 $f(x)$ 的极限

在数轴上，x 趋于 x_0 的形式有两种，一种是 x 从小于 x_0 的方向趋于 x_0，记 $x\to x_0^-$；另一种是 x 从大于 x_0 的方向趋于 x_0，记 $x\to x_0^+$.

定义 1-3 如果当 $x\to x_0^-$（或 $x\to x_0^+$）时，函数无限趋近于某一确定常数 A，则常数 A 称为函数 $f(x)$ 当 $x\to x_0^-$（或 $x\to x_0^+$）时的左极限（右极限），记作

$$\lim_{x\to x_0^-} f(x)=A \quad (\text{或} \lim_{x\to x_0^+} f(x)=A),$$

可以证明

$$\lim_{x\to x_0} f(x)=A \Leftrightarrow \lim_{x\to x_0^-} f(x)=A \text{ 且 } \lim_{x\to x_0^+} f(x)=A .$$

例 1-2 讨论在 $x=0$ 处，$\lim\limits_{x\to 0} f(x)$ 是否存在

（1）$f(x)=\begin{cases}2-x & x\neq 0\\ 0 & x=0\end{cases}$　　（2）$f(x)=\dfrac{|x|}{x}$

解　（1）$x\to 0$时，$x\neq 0$，求极限时，要用$x\neq 0$的表达式，即

$$\lim_{x\to 0}f(x)=\lim_{x\to 0}(2-x)=2$$

（2）在$x=0$的左、右两侧，$f(x)$的表达式不同

$$\lim_{x\to 0^-}f(x)=\lim_{x\to 0^-}\frac{-x}{x}=-1,$$

$$\lim_{x\to 0^+}f(x)=\lim_{x\to 0^+}\frac{x}{x}=1,$$

由于$\lim\limits_{x\to 0^-}f(x)\neq\lim\limits_{x\to 0^+}f(x)$，故$\lim\limits_{x\to 0}f(x)$不存在.

1.1.2.3　无穷小

在极限运算中，经常会遇到以零为极限的变量，通常称为无穷小量. 下面讨论无穷小、函数与函数极限之间的关系.

定义 1-4　如果函数$f(x)$当$x\to x_0$（或$x\to\infty$）时的极限为零，那么称函数$f(x)$为当$x\to x_0$（或$x\to\infty$）时的无穷小.

说一个函数是无穷小必须指出其自变量的变化过程. 如函数$x-1$是$x\to 1$时的无穷小，而当x趋向其他数值时$x-1$就不是无穷小.

因为$\lim\limits_{\substack{x\to x_0\\(x\to\infty)}}0=0$，零可以看成是无穷小.

无穷小的性质如下.

性质 1-1　有限个无穷小的代数和为无穷小.

性质 1-2　有限个无穷小的乘积为无穷小.

性质 1-3　有界函数与无穷小的乘积为无穷小.

例 1-3　证明$\lim\limits_{x\to 0}x\sin\dfrac{1}{x}=0$.

证明　因为当$x\to 0$时，x是无穷小，而$\left|\sin\dfrac{1}{x}\right|\leqslant 1$有界. 根据性质 1-3，

$$\lim_{x\to 0}x\sin\frac{1}{x}=0.$$

由函数的极限与无穷小的定义，可知无穷小与函数间有如下关系

$$\lim_{\substack{x\to x_0\\(x\to\infty)}}f(x)=A\Leftrightarrow f(x)=A+\alpha(x),$$

其中$\alpha(x)$是当$x\to x_0$（或$x\to\infty$）时的无穷小.

1.1.3　极限运算

从变量的变化趋势观察极限只能解决简单函数的极限问题，对于比较复杂函数的极限，则需要运算法则和结合题目特点来计算. 为叙述方便在下面定理中“lim”下面省略了自变量的变化过程$x\to x_0$或$x\to\infty$的标记.

定理 1-1　设$\lim f(x)=A$，$\lim g(x)=B$，则

（1）$\lim[f(x)\pm g(x)]=\lim f(x)\pm\lim g(x)=A\pm B$

（2） $\lim[f(x)\cdot g(x)]=\lim f(x)\cdot\lim g(x)=A\cdot B$

特别地 $\lim cf(x)=c\lim f(x)=cA$ （c 为常数）

（3） $\lim\dfrac{f(x)}{g(x)}=\dfrac{\lim f(x)}{\lim g(x)}=\dfrac{A}{B}$ （$B\neq 0$）

定理 1-1 中关于和、差及乘积的极限运算法则，可以推广到有限个函数的情形.

例 1-4 求 $\lim\limits_{x\to 1}\dfrac{2x^3+1}{x^2-x+2}$.

解 $\lim\limits_{x\to 1}\dfrac{2x^3+1}{x^2-x+2}=\dfrac{\lim\limits_{x\to 1}(2x^3+1)}{\lim\limits_{x\to 1}(x^2-x+2)}=\dfrac{2\times 1+1}{1-1+2}=\dfrac{3}{2}$.

一般地，对于有理函数 $f(x)=\dfrac{P(x)}{Q(x)}$，只要 $Q(x_0)\neq 0$ 就有

$$\lim_{x\to x_0}f(x)=\frac{\lim\limits_{x\to x_0}P(x)}{\lim\limits_{x\to x_0}Q(x)}=\frac{P(x_0)}{Q(x_0)}=f(x_0).$$

例 1-5 求 $\lim\limits_{x\to 3}\dfrac{x-3}{x^2-9}$.

解 分母 $\lim\limits_{x\to 3}\left(x^2-9\right)=0$，不能直接利用法则去求极限，但可以先约分消去零因子再求极限

$$\lim_{x\to 3}\frac{x-3}{x^2-9}=\lim_{x\to 3}\frac{x-3}{(x-3)(x+3)}=\lim_{x\to 3}\frac{1}{x+3}=\frac{1}{6}.$$

例 1-6 求 $\lim\limits_{x\to 0}\dfrac{\sqrt{1+x}-1}{x}$.

解 当 $x\to 0$ 时，分母极限为零，且不能消去零因子. 若对原函数作适当变形（分子有理化），则有

$$\lim_{x\to 0}\frac{\sqrt{1+x}-1}{x}=\lim_{x\to 0}\frac{(\sqrt{1+x}-1)(\sqrt{1+x}+1)}{x(\sqrt{1+x}+1)}=\lim_{x\to 0}\frac{1+x-1}{x(\sqrt{1+x}+1)}$$

$$=\lim_{x\to 0}\frac{1}{\sqrt{1+x}+1}=\frac{1}{2}.$$

例 1-7 求下列极限.

（1） $\lim\limits_{x\to\infty}\dfrac{2x^3-x+1}{x^3+2x^2-3}$； （2） $\lim\limits_{x\to\infty}\dfrac{x^2-1}{x^3+2x}$； （3） $\lim\limits_{x\to\infty}\dfrac{2x^2+1}{x-2}$.

解 显然当 $x\to\infty$ 时，分子、分母均为无穷大，不符合极限运算法则的条件. 此类极限的解法应在分子、分母同除分母最高次幂，然后再求极限.

（1） $\lim\limits_{x\to\infty}\dfrac{2x^3-x+1}{x^3+2x^2-3}=\lim\limits_{x\to\infty}\dfrac{2-\dfrac{1}{x^2}+\dfrac{1}{x^3}}{1+\dfrac{2}{x}-\dfrac{3}{x^3}}=\dfrac{2}{1}=2$.

（2） $\lim\limits_{x\to\infty}\dfrac{x^2-1}{x^3+2x}=\lim\limits_{x\to\infty}\dfrac{\dfrac{1}{x}-\dfrac{1}{x^3}}{1+\dfrac{2}{x^2}}=0$.

（3） $\lim\limits_{x\to\infty}\dfrac{2x^2+1}{x-2}=\lim\limits_{x\to\infty}\dfrac{2x+\frac{1}{x}}{1-\frac{2}{x}}=\infty$.

对于 $x\to\infty$ 的有理函数的极限求法，有如下规律：

设 $a_0\neq 0$，$b_0\neq 0$，$m,n\in N$ 则

$$\lim_{x\to\infty}\frac{a_0x^m+a_1x^{m-1}+\cdots+a_m}{b_0x^n+b_1x^{n-1}+\cdots+b_n}=\begin{cases}\dfrac{a_0}{b_0} & m=n\\ 0 & m<n\\ \infty & m>n\end{cases}$$

以上各例可以看出，在计算函数极限时，首先应判断它的类型，对于满足极限运算法则的，可直接计算. 对不满足法则条件的，常需要对函数作适当的恒等变形，使之具有应用运算法则的条件. 有时也可以利用函数无穷小的性质计算.

1.1.4 两个重要极限

两个重要极限在极限计算中有十分重要的作用，它们的基本形式为：

（1） $\lim\limits_{x\to 0}\dfrac{\sin x}{x}=1$ （2） $\lim\limits_{x\to\infty}(1+\dfrac{1}{x})^x=\mathrm{e}$

应用两个重要极限，要理解它的本质：假设 Δ 为无穷小，它可以是自变量，也可以是自变量的函数，则以上两个重要极限可表述为

（1） $\dfrac{\sin\Delta}{\Delta}=1$ （2） $(1+\Delta)^{\frac{1}{\Delta}}=\mathrm{e}$

第二个重要极限也可以写成如下形式：

$$\lim_{x\to 0}(1+x)^{\frac{1}{x}}=\mathrm{e}\cdot$$

例 1-8 求下列极限.

（1） $\lim\limits_{x\to 0}\dfrac{\sin 2x}{5x}$； （2） $\lim\limits_{x\to 0}\dfrac{1-\cos x}{x^2}$.

解 （1） $\lim\limits_{x\to 0}\dfrac{\sin 2x}{5x}=\lim\limits_{x\to 0}(\dfrac{\sin 2x}{2x}\cdot\dfrac{2}{5})=\dfrac{2}{5}\lim\limits_{x\to 0}\dfrac{\sin 2x}{2x}=\dfrac{2}{5}$.

（2） $\lim\limits_{x\to 0}\dfrac{1-\cos x}{x^2}=\lim\limits_{x\to 0}\dfrac{2\sin^2\frac{x}{2}}{x^2}=\dfrac{1}{2}\lim\limits_{x\to 0}\dfrac{\sin^2\frac{x}{2}}{(\frac{x}{2})^2}=\dfrac{1}{2}$.

例 1-9 求下列极限

（1） $\lim\limits_{x\to\infty}(1-\dfrac{2}{x})^{3x}$； （2） $\lim\limits_{x\to 0}(1+2x)^{\frac{1}{x}}$.

解 （1） $\lim\limits_{x\to\infty}(1-\dfrac{2}{x})^{3x}=\lim\limits_{x\to\infty}[(1+\dfrac{-2}{x})^{-\frac{x}{2}}]^{-6}=\mathrm{e}^{-6}$.

（2）$\lim\limits_{x\to0}(1+2x)^{\frac{1}{x}}=\lim\limits_{x\to0}[(1+2x)^{\frac{1}{2x}}]^2=\mathrm{e}^2$.

1.2 导数与微分

导数与微分是研究变化率和增量问题中产生的数学概念，它是微分学的主要内容.

1.2.1 导数概念

先考察两个实际问题.

例 1-10 求曲线切线的斜率．曲线 $y=f(x)$ 在点 $M(x_0,y_0)$ 处的切线是指过点 M 的一条割线 MN，当点 N 沿曲线趋近 M 时的极限位置，如图 1-1.

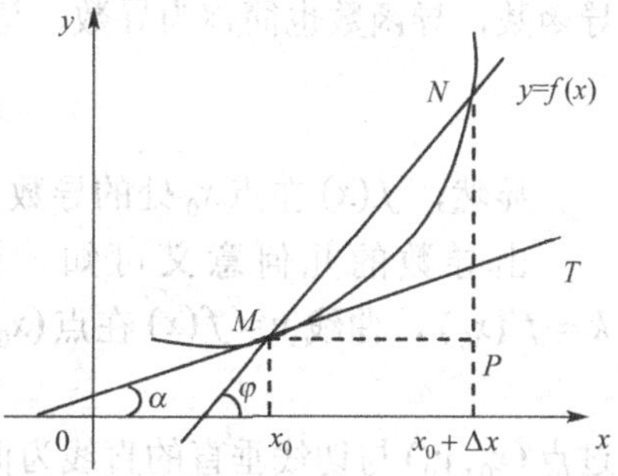

图 1-1

设曲线上点 $N(x_0+\Delta x,y_0+\Delta y)$，则 $MP=\Delta x$，$NP=\Delta y$，割线 MT 的斜率为

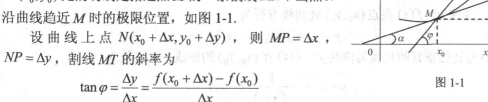

$$\tan\varphi=\frac{\Delta y}{\Delta x}=\frac{f(x_0+\Delta x)-f(x_0)}{\Delta x}$$

当点 N 沿曲线趋于 M 时，$\Delta x\to0$，$\varphi\to\alpha$，割线 MN 趋于切线 MT，所以曲线在点 M 处的切线斜率为

$$k=\tan\alpha=\lim_{\varphi\to\alpha}\tan\varphi=\lim_{\Delta x\to0}\frac{\Delta y}{\Delta x}=\lim_{\Delta x\to0}\frac{f(x_0+\Delta x)-f(x_0)}{\Delta x}$$

例 1-11 求瞬时速度. 设物体作变速直线运动，其运动方程为 $s=s(t)$，求 $t=t_0$ 时刻的瞬时速度 v.

物体作匀速运动可按公式 $v=\dfrac{s}{t}$ 计算. 下面考虑变速运动的情形：

当时间从时刻 t_0 变到 $t_0+\Delta t$ 时，物体经过的路程 $\Delta s=s(t_0+\Delta t)-s(t_0)$，这段时间内的平均速度为

$$\bar{v}=\frac{\Delta s}{\Delta t}=\frac{s(t_0+\Delta t)-s(t_0)}{\Delta t}$$

当 Δt 越小时，这个平均速度就越接近时刻 t_0 的瞬时速度. 当 $\Delta t\to0$ 时平均速度 $\bar{v}$ 的极限值就是该点的瞬时速度，即

$$v=\lim_{\Delta t\to0}\frac{\Delta s}{\Delta t}=\lim_{\Delta t\to0}\frac{s(t_0+\Delta t)-s(t_0)}{\Delta t}$$

以上两个例子的实际意义不同，但抽象的数量关系都归结为函数增量与自变量增量之比当自变量增量趋于零时的极限，这个极限就叫做函数的导数.

定义 1-5 设函数 $y=f(x)$ 在点 x_0 的某领域内有定义，当自变量 x 在 x_0 处有增量 Δx 时，函数有增量 $\Delta y=f(x_0+\Delta x)-f(x_0)$. 若

$$\lim_{\Delta x\to0}\frac{\Delta y}{\Delta x}=\lim_{\Delta x\to0}\frac{f(x_0+\Delta x)-f(x_0)}{\Delta x}$$

存在，则称此极限值为函数 $y=f(x)$ 在 x_0 处的导数，记为

$$f'(x_0),\qquad y'\big|_{x=x_0},\qquad \left.\frac{\mathrm{d}y}{\mathrm{d}x}\right|_{x=x_0}$$

这时，也称 $y=f(x)$ 在 x_0 处可导.

令 $x=x_0+\Delta x$，此公式也可以表示为

$$f'(x_0)=\lim_{x\to x_0}\frac{f(x)-f(x_0)}{x-x_0}$$

可以看出，在给定函数 $y=f(x)$ 后，其导数 $f'(x_0)$ 仅与点 x_0 有关. 如果 $y=f(x)$ 在 (a,b) 内任意点 x 都可导，则称 $f(x)$ 于 (a,b) 内可导，此时 $f'(x)$ 也是 x 的函数，称为函数 $y=f(x)$ 的导函数，导函数也简称为导数，记作

$$y',\qquad f'(x),\qquad \frac{dy}{dx}.$$

显然，$f(x)$ 在点 x_0 处的导数 $f'(x_0)$ 即为导函数 $f'(x)$ 在点 x_0 处的函数值.

由导数的几何意义可知，切线斜率 k 就是曲线方程 $y=f(x)$ 在切点 x_0 处的导数 $k=f'(x_0)$，曲线 $y=f(x)$ 在点 (x_0,y_0) 处切线方程为

$$y-y_0=f'(x_0)(x-x_0).$$

过点 (x_0,y_0) 与切线垂直的直线为曲线 $y=f(x)$ 在 (x_0,y_0) 的法线，其方程为

$$y-y_0=-\frac{1}{f'(x_0)}(x-x_0).$$

由导数的物理意义可知，物体运动的瞬时速度 v 就是运动方程 $s=s(t)$ 在时刻 t_0 处的导数 $v=s'(t_0)$.

1.2.2　导数的运算

1.2.2.1　求导公式与法则

根据导数定义 $f'(x)=\lim\limits_{\Delta x\to 0}\dfrac{\Delta y}{\Delta x}$，可以求出基本初等函数的导数和导数的四则运算法则，为了便于查阅，现在把这些导数公式和法则归纳如下.

基本初等函数的导数公式如下.

（1）$(c)'=0$　　（2）$(x^\alpha)'=\alpha x^{\alpha-1}$

（3）$(a^x)'=a^x\ln a$　　（4）$(e^x)'=e^x$

（5）$(\log_a x)'=\dfrac{1}{x\ln a}$　　（6）$(\ln x)'=\dfrac{1}{x}$

（7）$(\sin x)'=\cos x$　　（8）$(\cos x)'=-\sin x$

（9）$(\tan x)'=\sec^2 x$　　（10）$(\cot x)'=-\csc^2 x$

（11）$(\sec x)'=\sec x\tan x$　　（12）$(\csc x)'=-\csc x\cot x$

（13）$(\arcsin x)'=\dfrac{1}{\sqrt{1-x^2}}$　　（14）$(\arccos x)'=-\dfrac{1}{\sqrt{1-x^2}}$

（15）$(\arctan x)'=\dfrac{1}{1+x^2}$　　（16）$(\operatorname{arccot} x)'=-\dfrac{1}{1+x^2}$

求导法则如下.

设 $u=u(x)$，$v=v(x)$ 都可导，则

（1）$(u\pm v)'=u'\pm v'$　　（2）$(u\cdot v)'=u'v+uv'$

（3）$(cu)'=cu'$，（c 为常数）　　（4）$(\frac{u}{v})'=\frac{u'v-uv'}{v^2}$，（$v\neq 0$）

（5）$(\frac{1}{v})'=-\frac{v'}{v^2}$

例 1-12　利用导数定义求：（1）$f(x)=c$（c 为常数）；（2）$f(x)=\sin x$ 的导数.

解　（1）$f'(x)=\lim\limits_{\Delta x\to 0}\frac{\Delta y}{\Delta x}=\lim\limits_{\Delta x\to 0}\frac{f(x+\Delta x)-f(x)}{\Delta x}=\lim\limits_{\Delta x\to 0}\frac{c-c}{\Delta x}=0$

即
$$(c)'=0 .$$

（2）$f'(x)=\lim\limits_{\Delta x\to 0}\frac{\Delta y}{\Delta x}=\lim\limits_{\Delta x\to 0}\frac{f(x+\Delta x)-f(x)}{\Delta x}=\lim\limits_{\Delta x\to 0}\frac{\sin(x+\Delta x)-\sin x}{\Delta x}$

$$=\lim_{\Delta x\to 0}\frac{2\cos(x+\frac{\Delta x}{2})\sin\frac{\Delta x}{2}}{\Delta x}=\lim_{\Delta x\to 0}\cos(x+\frac{\Delta x}{2})\cdot\frac{\sin\frac{\Delta x}{2}}{\frac{\Delta x}{2}}$$

$$=\cos x$$

即
$$(\sin x)'=\cos x .$$

例 1-13　设 $f(x)=x^3+4\cos x-\sin\frac{\pi}{2}$，求 $f'(x)$ 及 $f'(\frac{\pi}{2})$.

解
$$f'(x)=(x^3)'+(4\cos x)'-(\sin\frac{\pi}{2})'=3x^2-4\sin x$$

$$f'(\frac{\pi}{2})=\frac{3}{4}\pi^2-4 .$$

例 1-14　设 $y=(1-x^2)\ln x$，求 y'.

解　$y'=(1-x^2)'\ln x+(1-x^2)(\ln x)'=-2x\ln x+(1-x^2)\frac{1}{x}=-2x\ln x+\frac{1}{x}-x$.

例 1-15　设 $y=\tan x$，求 y'.

解　$y'=(\tan x)'=(\frac{\sin x}{\cos x})'=\frac{(\sin x)'\cos x-\sin x(\cos x)'}{\cos^2 x}=\frac{\cos^2 x+\sin^2 x}{\cos^2 x}$

$$=\frac{1}{\cos^2 x}=\sec^2 x$$

即
$$(\tan x)'=\sec^2 x .$$

例 1-16　求等边双曲线 $y=\frac{1}{x}$ 在点 $(\frac{1}{2},2)$ 处的切线方程和法线方程.

解　根据导数的几何意义，所求切线的斜率为

$$k_1=y'|_{x=\frac{1}{2}}=-\frac{1}{x^2}\Big|_{x=\frac{1}{2}}=-4 .$$

因此，所求切线方程为

$$y-2=-4(x-\frac{1}{2}),$$

即
$$4x+y-4=0 .$$

所求法线斜率

$$k_2 = -\frac{1}{k_1} = \frac{1}{4}.$$

法线方程为

$$y-2=\frac{1}{4}(x-\frac{1}{2}),$$

即 $$2x-8y+15=0.$$

1.2.2.2 复合函数的求导法则

定理 1-2 设函数 $u=\varphi(x)$ 在点 x 处可导，函数 $y=f(u)$ 在对应点 u 处可导，则复合函数 $y=f[\varphi(x)]$ 在点 x 处也可导，且

$$\frac{dy}{dx}=\frac{dy}{du}\cdot\frac{du}{dx} \quad \text{或} \quad y'_x=y'_u\cdot u'_x.$$

上述定理也可以推广到多重复合函数的情况. 例如 $y=f(u)$，$u=\varphi(x)$，$v=\psi(x)$，则复合函数 $y=f\{\varphi[\psi(x)]\}$ 对 x 的导数有下面公式

$$\frac{dy}{dx}=\frac{dy}{du}\cdot\frac{du}{dv}\cdot\frac{dv}{dx} \quad \text{或} \quad y'_x=y'_u\cdot u'_v\cdot v'_x.$$

例 1-17 求下列复合函数的导数 y'_x.

（1）$y=(2x+5)^9$，（2）$y=\ln\tan x$，（3）$y=\cos^2 2x$.

解 （1）设 $y=u^9$，$u=2x+5$，则

$$y'_x=y'_u\cdot u'_x=9u^8\cdot 2=18(2x+5)^8.$$

（2）设 $y=\ln u$，$u=\tan x$，则

$$y'_x=y'_u\cdot u'_x=\frac{1}{u}\cdot\sec^2 x=\frac{\cos x}{\sin x}\cdot\frac{1}{\cos^2 x}=\frac{1}{\sin x\cdot\cos x}.$$

（3）设 $y=u^2$，$u=\cos v$，$v=2x$，则

$$y'_x=y'_u\cdot u'_v\cdot v'_x=2u\cdot(-\sin v)\cdot 2=-4\cos 2x\cdot\sin 2x=-2\sin 4x.$$

从例 1-17 可以看出，求复合函数的导数时重要是会将复合函数分解成基本初等函数或有理函数，这样就可以利用导数公式和导数四则运算法则. 然后用复合函数求导法则逐层求之. 熟练之后，中间变量可以不写出来.

例 1-18 设 $y=e^{\sin\frac{1}{x}}$，求 $\frac{dy}{dx}$.

解 $$\frac{dy}{dx}=(e^{\sin\frac{1}{x}})'=e^{\sin\frac{1}{x}}\cdot(\sin\frac{1}{x})'=e^{\sin\frac{1}{x}}\cdot\cos\frac{1}{x}\cdot(\frac{1}{x})'=-\frac{1}{x^2}e^{\sin\frac{1}{x}}\cos\frac{1}{x}.$$

1.2.2.3 隐函数的求导法则

表示函数关系的方法有多种，将 y 明显地表示为自变量的关系式 $y=f(x)$，称为显函数. 如果变量 x 和 y 是由方程 $F(x,y)=0$ 确定，这种函数称为隐函数. 有些隐函数可以化成显函数，如方程 $2x+3y=1$. 有些隐函数的显化是困难甚至是不可能的，如 $xy-e^x-e^y=0$. 因此，希望有一种方法，不管隐函数能否显化，都能由方程 $F(x,y)=0$ 求出它的导数.

下面通过例题来说明隐函数的求导方法.

例 1-19 求由方程 $e^y+xy-e=0$ 所确定的隐函数的导数 y'_x.（y'_x 表示函数 y 对自变量 x 的导数 $\frac{dy}{dx}$）

解 将方程中的 y 看作是 x 的函数，则 e^y 就是 x 的复合函数，按照复合函数的求导法则，对方程两边的 x 求导

$$e^y \cdot y'_x + y + x \cdot y'_x = 0,$$

$$y'_x(e^y + x) = -y,$$

从而

$$y'_x = -\frac{y}{e^y + x}.$$

例 1-20 求由方程 $y^5 + 2y - x - 3x^7 = 0$ 所确定的隐函数在 $x = 0$ 处的导数 $y'|_{x=0}$.

解 两边对 x 求导

$$5y^4 \cdot y'_x + 2y'_x - 1 - 21x^6 = 0.$$

解出 y'_x

$$y'_x = \frac{1 + 21x^6}{5y^4 + 2}.$$

将 $x = 0$ 代入方程，$y = 0$ 代入上式得

$$y'|_{x=0} = \frac{1}{2}.$$

有些显函数，直接求它的导数运算很复杂，如果将它化为隐函数，再利用隐函数求导的方法反而比较简便.

例 1-21 求 $y = \sqrt{\frac{x(x-1)}{(x-2)(x-3)}}$ 的导数.

解 两边取对数有

$$\ln y = \frac{1}{2}[\ln x + \ln(x-1) - \ln(x-2) - \ln(x-3)].$$

两边对 x 求导

$$\frac{1}{y} \cdot y'_x = \frac{1}{2}\left[\frac{1}{x} + \frac{1}{x-1} - \frac{1}{x-2} - \frac{1}{x-3}\right],$$

故

$$y'_x = \frac{1}{2}\sqrt{\frac{x(x-1)}{(x-2)(x-3)}}\left[\frac{1}{x} + \frac{1}{x-1} - \frac{1}{x-2} - \frac{1}{x-3}\right].$$

1.2.2.4 高阶导数

定义 1-6 如果函数 $y = f(x)$ 的导数 $f'(x)$ 在点 x 处可导，则称 $f'(x)$ 在点 x 处的导数为函数 $y = f(x)$ 在点 x 处的二阶导数，记作

$$y'', \quad f''(x), \quad \frac{d^2y}{dx^2} \quad 或 \quad \frac{d^2f}{dx^2}.$$

二阶导数 $y'' = f''(x)$ 的导数就称为 $y = f(x)$ 的三阶导数，记作

$$f'''(x), \quad y''', \quad \frac{d^3y}{dx^3}.$$

类似地，$y = f(x)$ 的 $n-1$ 阶导数的导数称为 $f(x)$ 的 n 阶导数，记作

$$f^{(n)}(x), \quad y^{(n)}, \quad \frac{d^ny}{dx^n}.$$

二阶及二阶以上的导数统称为高阶导数.

我们知道加速度是速度对时间的变化率，而速度是路程对时间的变化率（一阶导数），故加速度是路程对时间的二阶导数. $a = v'(t) = s''(t)$，这就是二阶导数的力学意义.

例 1-22 设 $y = x^3 - 4x^2 + 2x - 1$，求 y'' 及 y'''.

解
$$y' = 3x^2 - 8x + 2$$
$$y'' = 6x - 8$$
$$y''' = 6$$

例 1-23 求 $y = \sin x$ 的 n 阶导数.

解 $y' = \cos x = \sin(x + \frac{\pi}{2})$

$$y'' = \cos(x + \frac{\pi}{2}) = \sin(x + 2 \cdot \frac{\pi}{2})$$

$$y''' = \cos(x + 2 \cdot \frac{\pi}{2}) = \sin(x + 3 \cdot \frac{\pi}{2})$$

....

$$y^{(n)} = \sin(x + n \cdot \frac{\pi}{2}).$$

1.2.3 微分及导数应用

1.2.3.1 微分概念

很多实际问题中，需要计算当自变量有微小变化时函数的增量，而计算函数的增量往往比较复杂，这就需要寻找求增量近似值的方法，使它既便于计算，又有一定的精确度. 我们知道导数与函数增量有关，若函数 $f(x)$ 在点 x_0 处可导有

$$f'(x_0) = \lim_{\Delta x \to 0} \frac{\Delta y}{\Delta x}.$$

根据极限与无穷小量的关系，有 $\frac{\Delta y}{\Delta x} = f'(x_0) + \alpha$（$\alpha$ 是 $\Delta x \to 0$ 时的无穷小量），即

$$\Delta y = f'(x_0) \cdot \Delta x + \alpha \cdot \Delta x.$$

其中 $f'(x_0).\Delta x$ 是 Δx 的线性函数，是增量 Δy 的主要部分，而 $\alpha \cdot \Delta x$ 是当 $\Delta x \to 0$ 时的高阶无穷小（$\lim\limits_{\Delta x \to 0} \frac{\alpha \Delta x}{\Delta x} = 0$）. 当 $|\Delta x|$ 很小时，可以用增量的线性主部近似地表示 Δy，我们把增量的主要部分称为微分.

定义 1-7 如果函数的增量 Δy 可以表示为

$$\Delta y = f'(x_0) \cdot \Delta x + o(\Delta x)$$

其中 $o(\Delta x)$ 是 Δx 的高阶无穷小，则称 $y = f(x)$ 在点 x_0 处可微，并称 $f'(x_0) \cdot \Delta x$ 为 $y = f(x)$ 在 x_0 处的微分. 记

$$dy = f'(x_0) \cdot \Delta x.$$

一般地，函数 $y = f(x)$ 在点 x 处的微分记作

$$dy = f'(x_0) \cdot \Delta x \text{ 或 } df(x) = f'(x_0) \cdot \Delta x.$$

对于函数 $y = x$ 来说，它的微分 $dx = x'\Delta x = \Delta x$，于是

$$dy = f'(x)dx$$

从而有

$$\frac{dy}{dx}=f'(x).$$

函数微分 dy 与自变量微分 dx 之商，等于该函数的导数，因此导数又叫微商.

图 1-2 给出了微分的几何意义：曲线 $y=f(x)$ 在 M 点处切线纵坐标对应 Δx 的增量.

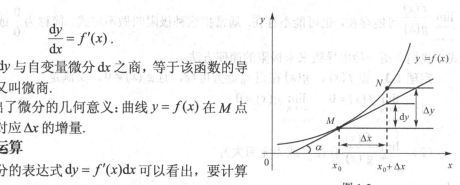

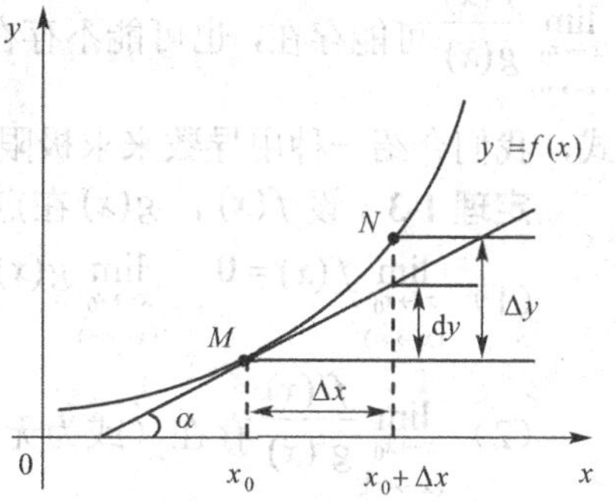

图 1-2

1.2.3.2 微分运算

从函数微分的表达式 $dy=f'(x)dx$ 可以看出，要计算出函数的微分，只要计算函数的导数，再乘以自变量的微分. 因此由导数公式与运算法则可得如下微分公式和运算法则.

（1） $d(c)=0$ （2） $d(x^{\alpha})=\alpha x^{\alpha-1}dx$

（3） $d(a^x)=a^x\ln a dx$ （4） $d(e^x)=e^x dx$

（5） $d(\log_a x)=\frac{1}{x\ln a}dx$ （6） $d(\ln x)=\frac{1}{x}dx$

（7） $d(\sin x)=\cos x dx$ （8） $d(\cos x)=-\sin x dx$

（9） $d(\tan x)=\sec^2 x dx$ （10） $d(\cot x)=-\csc^2 x dx$

（11） $d(\sec x)=\sec x\tan x dx$ （12） $d(\csc x)=-\csc x\cot x dx$

（13） $d(\arcsin x)=\frac{1}{\sqrt{1-x^2}}dx$ （14） $d(\arccos x)=-\frac{1}{\sqrt{1-x^2}}dx$

（15） $d(\arctan x)=\frac{1}{1+x^2}dx$ （16） $d(\text{arccot}\, x)=-\frac{1}{1+x^2}dx$

（17） $d(u\pm v)=du\pm dv$ （18） $d(u\cdot v)=vdu+udv$

（19） $d(cu)=cdu$，（c 为常数） （20） $d(\frac{u}{v})=\frac{vdu-udv}{v^2}$，（$v\neq 0$）

例 1-24 求 $y=x^2$ 在 $x=2$，$\Delta x=0.01$ 时的增量 Δy 与微分 dy，并计算 $\Delta y-dy$.

解 $\Delta y=(2+0.01)^2-2^2=0.0401$.

$dy=(x^2)'\Delta x=2x\Delta x$；

$dy\big|_{\substack{x=2\\ \Delta x=0.01}}=2\times 2\times 0.01=0.04$.

$\Delta y-dy=0.0401-0.04=0.0001$.

易见当 Δx 较小时，微分可近似代替增量.

例 1-25 设 $y=\sin(2x+1)$，求 dy.

解 $dy=y'dx=2\cos(2x+1)dx$.

例 1-26 设 $y=e^{1-3x}\cos x$，求 dy.

解 应用微分法则（18），得

$$dy=\cos x d(e^{1-3x})+e^{1-3x}d(\cos x)=\cos x\cdot e^{1-3x}(-3dx)+e^{1-3x}(-\sin x dx)$$

$$=-e^{1-3x}(3\cos x+\sin x)dx.$$

此题用微分定义式 $dy=y'dx$ 计算会简单些，请读者自习之.

1.2.3.3 洛必达（L'Hospital）法则

如果当 $x\to x_0$（或 $x\to\infty$）时，函数 $f(x)$ 与 $g(x)$ 都趋于零，或都趋于无穷大，极限

$\lim\limits_{\substack{x\to x_0\\(x\to\infty)}}\dfrac{f(x)}{g(x)}$可能存在，也可能不存在. 通常把这种极限叫做不定式，简称为$\dfrac{0}{0}$或$\dfrac{\infty}{\infty}$. 对于不定式，我们介绍一种用导数来求极限的简便方法.

定理 1-3 设$f(x)$，$g(x)$在点x_0近旁可导，且$g'(x)\neq 0$，又满足

（1）$\lim\limits_{\substack{x\to x_0\\(x\to\infty)}} f(x)=0$，$\lim\limits_{\substack{x\to x_0\\(x\to\infty)}} g(x)=0$；

（2）$\lim\limits_{\substack{x\to x_0\\(x\to\infty)}}\dfrac{f'(x)}{g'(x)}$存在（或为无穷大）；

则

$$\lim_{\substack{x\to x_0\\(x\to\infty)}}\frac{f(x)}{g(x)}=\lim_{\substack{x\to x_0\\(x\to\infty)}}\frac{f'(x)}{g'(x)}.$$

定理是对$\dfrac{0}{0}$型不定式给出的，对$\dfrac{\infty}{\infty}$型不定式也同样适用. 像这种通过分子分母分别求导来确定$\dfrac{0}{0}$，$\dfrac{\infty}{\infty}$不定式的值的方法叫做洛必达（L'Hospital）法则.

例 1-27 求$\lim\limits_{x\to 0}\dfrac{x-\sin x}{x^3}$.

解 这是$\dfrac{0}{0}$型不定式，用洛必达法则

$$\lim_{x\to 0}\frac{x-\sin x}{x^3}=\lim_{x\to 0}\frac{1-\cos x}{3x^2}=\lim_{x\to 0}\frac{\sin x}{6x}=\frac{1}{6}.$$

此例说明洛必达法则可以重复使用，但每次使用前都必须验证定理的条件是否满足，防止弄巧成拙.

例 1-28 求$\lim\limits_{x\to +\infty}\dfrac{\ln x}{x^n}$（$n>0$）.

解 这是$\dfrac{\infty}{\infty}$型不定式，用洛必达法则

$$\lim_{x\to +\infty}\frac{\ln x}{x^n}=\lim_{x\to +\infty}\frac{\frac{1}{x}}{nx^{n-1}}=\lim_{x\to +\infty}\frac{1}{nx^n}=0.$$

不定式还有其他类型，如$0\cdot\infty$，$\infty-\infty$，∞^0，1^∞，0^0等，求这些不定式的方法通常都是将其转化成$\dfrac{0}{0}$或$\dfrac{\infty}{\infty}$型不定式，再用洛必达法则计算.

例 1-29 求$\lim\limits_{x\to 0^+} x^2\ln x$.

解 这是$0\cdot\infty$型不定式，可化成$\dfrac{\infty}{\infty}$型

$$\lim_{x\to 0^+} x^2\ln x=\lim_{x\to 0^+}\frac{\ln x}{\frac{1}{x^2}}=\lim_{x\to 0^+}\frac{\frac{1}{x}}{-\frac{1}{x^3}}=-\lim_{x\to 0^+} x^2=0.$$

1.3 不定积分

前面我们研究了如何求一个函数的导数问题. 本节我们将研究与之相反的问题，即求一个可导函数，使它的导数恰好等于已知函数，这就是不定积分.

1.3.1 不定积分的概念

定义 1-8 设函数 $f(x)$ 在区间 I 上有定义，如果存在可导函数 $F(x)$，使得

$$F'(x)=f(x) \text{ 或 } \mathrm{d}F(x)=f(x)\mathrm{d}x, \quad x\in I$$

称 $F(x)$ 是函数 $f(x)$ 在区间 I 上的一个原函数.

例如 $(\sin x)'=\cos x$，则 $\sin x$ 是 $\cos x$ 在 $(-\infty<x<+\infty)$ 上的一个原函数. $(\arcsin x)'=\dfrac{1}{\sqrt{1-x^2}}$，$(-1<x<1)$，则 $\arcsin x$ 是 $\dfrac{1}{\sqrt{1-x^2}}$ 在 $(-1,1)$ 上的一个原函数.

因为 $[F(x)+c]'=F'(x)=f(x)$（c 为任意常数），$F(x)+c$ 也是 $f(x)$ 的原函数. 这就是说，一个函数如果有原函数，那它就有无穷多个原函数，可以证明定理.

定理 1-4 若函数 $F(x)$ 是 $f(x)$ 的一个原函数，则 $F(x)+c$ 是 $f(x)$ 的全部原函数，且任意两个原函数之差为常数.

定义 1-9 如果 $F(x)$ 是 $f(x)$ 在区间 I 上的一个原函数，则称 $f(x)$ 的全部原函数 $F(x)+c$ 为 $f(x)$ 在区间 I 上的不定积分，记 $\int f(x)\mathrm{d}x$，即

$$\int f(x)\mathrm{d}x=F(x)+c.$$

式中，$\int$ 称为积分号，$f(x)$ 称为被积函数，$f(x)\mathrm{d}x$ 称为被积表达式，x 称为积分变量.

从不定积分的概念可以看出，求不定积分和求导数或求微分互为逆运算，即有

$$\left[\int f(x)\mathrm{d}x\right]'=f(x) \quad \text{或} \quad \mathrm{d}\left[\int f(x)\mathrm{d}x\right]=f(x)\mathrm{d}x;$$

$$\int F'(x)\mathrm{d}x=F(x)+c \quad \text{或} \quad \int \mathrm{d}F(x)=F(x)+c.$$

这就是说，先积分后微分，两者的作用互相抵消，若先微分后积分，则在抵消后加上任意常数 c.

图 1-3 给出了不定积分的几何意义：一族平行曲线上相同横坐标对应点处的切线互相平行.

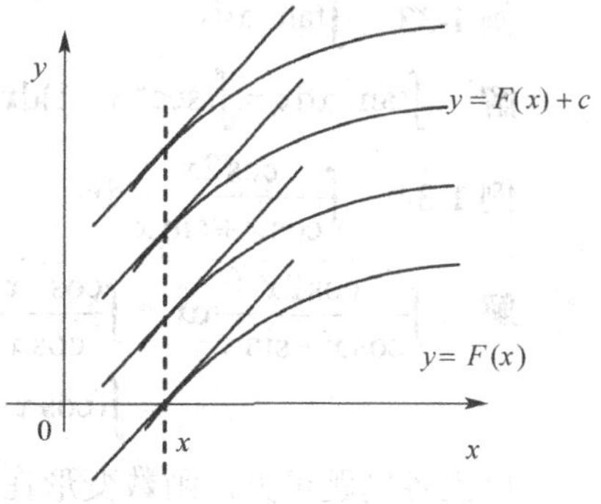

图 1-3

由不定积分的定义，可得到不定积分的如下性质.

性质 1-4 被积函数中的常数因子可提到积分号外

$$\int kf(x)\mathrm{d}x=k\int f(x)\mathrm{d}x. \text{（} k \text{ 为常数）}$$

性质 1-5 两个函数代数和的不定积分等于两个函数不定积分的代数和

$$\int[f(x)\pm g(x)]\mathrm{d}x=\int f(x)\mathrm{d}x\pm\int g(x)\mathrm{d}x.$$

性质 1-5 可推广至有限个函数代数和的情形.

由于积分运算是微分运算的逆运算，所以从基本导数公式可以直接得到基本积分公式. 例如 $\left(\dfrac{x^{\alpha+1}}{\alpha+1}\right)'=x^\alpha$，（$\alpha\neq-1$），可得积分公式 $\int x^\alpha \mathrm{d}x=\dfrac{x^{\alpha+1}}{\alpha+1}+c$，（$\alpha\neq-1$）.

基本积分公式如下.

（1） $\int 0\mathrm{d}x = c$　　（2） $\int x^{\alpha}\mathrm{d}x = \frac{x^{\alpha+1}}{\alpha+1} + c$，（$\alpha \neq -1$）

（3） $\int \frac{1}{x}\mathrm{d}x = \ln|x| + c$　　（4） $\int a^x\mathrm{d}x = \frac{a^x}{\ln a} + c$

（5） $\int \mathrm{e}^x\mathrm{d}x = \mathrm{e}^x + c$　　（6） $\int \cos x\mathrm{d}x = \sin x + c$

（7） $\int \sin x\mathrm{d}x = -\cos x + c$　　（8） $\int \sec^2 x\mathrm{d}x = \tan x + c$

（9） $\int \csc^2 x\mathrm{d}x = -\cot x + c$　　（10） $\int \frac{1}{\sqrt{1-x^2}}\mathrm{d}x = \arcsin x + c$

（11） $\int \frac{1}{1+x^2}\mathrm{d}x = \arctan x + c$　　（12） $\int \tan x \sec x\mathrm{d}x = \sec x + c$

（13） $\int \cot x \csc x\mathrm{d}x = -\csc x + c$

以上性质和公式是求不定积分的基础，必须通过反复练习加以熟记.

例 1-30　$\int \sqrt{x}(x^2-5)\mathrm{d}x$.

解　$\int \sqrt{x}(x^2-5)\mathrm{d}x = \int (x^{\frac{5}{2}} - 5x^{\frac{1}{2}})\mathrm{d}x = \int x^{\frac{5}{2}}\mathrm{d}x - 5\int x^{\frac{1}{2}}\mathrm{d}x = \frac{2}{7}x^{\frac{7}{2}} - \frac{10}{3}x^{\frac{3}{2}} + c$.

遇到分项积分时，不需要对每个积分都加任意常数，只需各项积分都计算完后，加一个任意常数即可.

例 1-31　$\int \frac{x-4}{\sqrt{x}+2}\mathrm{d}x$.

解　$\int \frac{x-4}{\sqrt{x}+2}\mathrm{d}x = \int \frac{(\sqrt{x}+2)(\sqrt{x}-2)}{\sqrt{x}+2}\mathrm{d}x = \int (\sqrt{x}+2)\mathrm{d}x = \frac{2}{3}x^{\frac{3}{2}} - 2x + c$.

例 1-32　$\int \frac{x^4}{1+x^2}\mathrm{d}x$.

解　$\int \frac{x^4}{1+x^2}\mathrm{d}x = \int \frac{(x^4-1)+1}{1+x^2}\mathrm{d}x = \int (x^2-1)\mathrm{d}x + \int \frac{1}{1+x^2}\mathrm{d}x = \frac{1}{3}x^3 - x + \arctan x + c$.

例 1-33　$\int \tan^2 x\mathrm{d}x$.

解　$\int \tan^2 x\mathrm{d}x = \int (\sec^2 x - 1)\mathrm{d}x = \int \sec^2 x\mathrm{d}x - \int \mathrm{d}x = \tan x - x + c$.

例 1-34　$\int \frac{\cos 2x}{\cos x + \sin x}\mathrm{d}x$.

解　$$\int \frac{\cos 2x}{\cos x + \sin x}\mathrm{d}x = \int \frac{\cos^2 x - \sin^2 x}{\cos x + \sin x}\mathrm{d}x = \int \frac{(\cos x + \sin x)(\cos x - \sin x)}{\cos x + \sin x}\mathrm{d}x$$
$$= \int (\cos x - \sin x)\mathrm{d}x = \sin x + \cos x + c.$$

以上各例题可见，函数变形在积分运算中起很重要的作用，要熟记积分公式，寻找被积函数与公式的直接的或间接的关系，只有多做练习，勤于思考，才会熟练掌握.

例 1-35　已知物体以速度 $v = 2t^2 + 1$ m/s 沿 OS 轴作直线运动，当 $t = 1$s 时，物体经过的路程为 3m，求物体的运动规律.

解　设物体运动的规律为 $s = s(t)$，于是有 $s'(t) = 2t^2 + 1$. 所以

$$s(t)=\int v(t)\mathrm{d}t=\int(2t^2+1)\mathrm{d}t=\frac{2}{3}t^3+t+c$$

已知$t=1$时，$s=3$代入上式得$c=\frac{4}{3}$. 于是所求物体的运动规律为

$$s(t)=\frac{2}{3}t^3+t+\frac{4}{3}.$$

1.3.2 换元积分法

利用基本积分公式和性质计算的不定积分是非常有限的，因此有必要进一步研究不定积分的求法. 将复合函数的微分法反过来用于求不定积分，利用中间变量的代换，可得到复合函数的积分法，简称换元法.

1.3.2.1 第一换元法

我们知道$\int\cos x\mathrm{d}x=\sin x+c$. 而$\int\cos 2x\mathrm{d}x\neq\sin 2x+c$. 问题在哪里？仔细分析两个式子，前者被积分函数变量是x积分变量也是x，而后者被积函数变量是$2x$，而积分变量为x. 二者不一致，设法将它们“凑”成一致.

$$\int\cos 2x\mathrm{d}x=\frac{1}{2}\int\cos 2x\mathrm{d}(2x)\overset{u=2x}{=}\frac{1}{2}\int\cos u\mathrm{d}u=\frac{1}{2}\sin u+c\overset{\text{回代}}{=}\frac{1}{2}\sin 2x+c.$$

验证

$$(\frac{1}{2}\sin 2x+c)'=\frac{1}{2}\cdot 2\cos 2x=\cos 2x.$$

像这样通过适当的变量替换，使被积函数化简，最后能够利用基本积分公式求出结果的方法称为第一换元积分法，它的一般形式可叙述为下面的定理.

定理 1-5 设$f(u)$具有原函数$F(u)$，$u=\varphi(x)$可导，则有换元公式

$$\int f[\varphi(x)]\varphi'(x)\mathrm{d}x=\int f[\varphi(x)]\mathrm{d}\varphi(x)\overset{u=\varphi(x)}{=}\int f(u)\mathrm{d}u=F(u)+c\overset{\text{回代}}{=}F[\varphi(x)]+c.$$

上述过程的关键是“凑微分”即适当选择$\varphi(x)$，将被积函数化成$\varphi(x)$的函数和$\varphi(x)$导数的形式，然后将$\varphi'(x)\mathrm{d}x$凑成$\mathrm{d}\varphi(x)$，进一步的换元积分就顺理成章了. 因而人们常把第一换元法称为凑微分法.

例 1-36 求$\int\frac{1}{3+2x}\mathrm{d}x$.

解 令$u=3+2x$，$\mathrm{d}u=(3+2x)'\mathrm{d}x=2\mathrm{d}x$，$\mathrm{d}x=\frac{\mathrm{d}u}{2}$，

$$\int\frac{1}{3+2x}\mathrm{d}x=\int\frac{1}{u}\cdot\frac{\mathrm{d}u}{2}=\frac{1}{2}\ln|u|+c=\frac{1}{2}\ln|3+2x|+c.$$

例 1-37 求$\int x\mathrm{e}^{x^2}\mathrm{d}x$.

解 令$u=x^2$，$\mathrm{d}u=2x\mathrm{d}x$，$x\mathrm{d}x=\frac{\mathrm{d}u}{2}$，

$$\int x\mathrm{e}^{x^2}\mathrm{d}x=\int\frac{1}{2}\mathrm{e}^u\mathrm{d}u=\frac{1}{2}\mathrm{e}^u+c=\frac{1}{2}\mathrm{e}^{x^2}+c.$$

例 1-38 求$\int\frac{1}{x\ln x}\mathrm{d}x$.

解 令$u=\ln x$，$\mathrm{d}u=\dfrac{1}{x}\mathrm{d}x$，

$$\int\frac{1}{x\ln x}\mathrm{d}x=\int\frac{1}{x\ln x}\mathrm{d}\ln x=\int\frac{\mathrm{d}u}{u}=\ln|u|+c=\ln|\ln x|+c.$$

例 1-39 求$\displaystyle\int\frac{\sin\sqrt{x}}{\sqrt{x}}\mathrm{d}x$.

解 令$u=\sqrt{x}$，$\mathrm{d}u=\dfrac{1}{2\sqrt{x}}\mathrm{d}x$，$\dfrac{\mathrm{d}x}{\sqrt{x}}=2\mathrm{d}u$

$$\int\frac{\sin\sqrt{x}}{\sqrt{x}}\mathrm{d}x=2\int\sin u\mathrm{d}u=-2\cos u+c=-2\cos\sqrt{x}+c.$$

用第一换元法解题，首先应熟悉微分与积分公式，针对具体的积分选准变量$\varphi(x)$，凑微分使被积函数的变量与积分变量一致.

当凑微分运算比较熟练时，设变量和回代这两个步骤可省略不写，使过程简化.

例 1-40 求$\int x\sqrt{1-x^2}\mathrm{d}x$.

解 $\displaystyle\int x\sqrt{1-x^2}\mathrm{d}x=-\int\frac{1}{2}\sqrt{1-x^2}\mathrm{d}(1-x^2)=-\frac{1}{2}\cdot\frac{2}{3}(1-x^2)^{\frac{3}{2}}+c=-\frac{1}{3}(1-x^2)^{\frac{3}{2}}+c.$

例 1-41 求$\displaystyle\int\frac{1}{a^2+x^2}\mathrm{d}x$.

解 $\displaystyle\int\frac{1}{a^2+x^2}\mathrm{d}x=\frac{1}{a^2}\int\frac{1}{1+(\frac{x}{a})^2}\mathrm{d}x=\frac{1}{a^2}\int\frac{a}{1+(\frac{x}{a})^2}\mathrm{d}(\frac{x}{a})=\frac{1}{a}\arctan\frac{x}{a}+c$.

如果被积函数中含有三角函数，通常要对三角函数进行恒等变形，然后利用积分公式求之.

例 1-42 求$\int\tan x\mathrm{d}x$.

解 $\displaystyle\int\tan x\mathrm{d}x=\int\frac{\sin x}{\cos x}\mathrm{d}x=\int-\frac{\mathrm{d}\cos x}{\cos x}=-\ln|\cos x|+c$

同理 $$\int\cot x\mathrm{d}x=\ln|\sin x|+c.$$

例 1-43 求$\int\csc x\mathrm{d}x$.

解 $\displaystyle\int\csc x\mathrm{d}x=\int\frac{1}{\sin x}\mathrm{d}x=\int\frac{1}{2\sin\frac{x}{2}\cos\frac{x}{2}}\mathrm{d}x=\int\frac{\mathrm{d}(\frac{x}{2})}{\tan\frac{x}{2}\cos^2\frac{x}{2}}$

$$=\int\frac{\mathrm{d}\tan\frac{x}{2}}{\tan\frac{x}{2}}=\ln\left|\tan\frac{x}{2}\right|+c.$$

因为 $$\tan\frac{x}{2}=\frac{\sin\frac{x}{2}}{\cos\frac{x}{2}}=\frac{2\sin^2\frac{x}{2}}{\sin x}=\frac{1-\cos x}{\sin x}=\csc x-\cot x,$$

所以 $$\int\csc x\mathrm{d}x=\ln|\csc x-\cot x|+c.$$

同理
$$\int \sec x \mathrm{d}x = \ln|\sec x + \tan x| + c.$$

利用凑微分法，还可以求一些简单的三角函数有理式的积分.

例 1-44 求 $\int \sin^3 x \cos x \mathrm{d}x$.

解 $\int \sin^3 x \cos x \mathrm{d}x = -\int \sin^3 x \mathrm{d}\sin x = -\frac{1}{4}\sin^4 x + c$.

例 1-45 求 $\int \sin^2 x \mathrm{d}x$.

解
$$\int \sin^2 x \mathrm{d}x = \int \frac{1-\cos 2x}{2}\mathrm{d}x = \frac{1}{2}\int \mathrm{d}x - \frac{1}{2}\int \cos 2x \mathrm{d}x$$
$$= \frac{1}{2}x - \frac{1}{4}\int \cos 2x \mathrm{d}(2x) = \frac{1}{2}x - \frac{1}{4}\sin 2x + c.$$

例 1-46 求 $\int \sec^4 x \mathrm{d}x$.

解 $\int \sec^4 x \mathrm{d}x = \int \sec^2 x \mathrm{d}(\tan x) = \int (1+\tan^2 x)\mathrm{d}\tan x = \tan x + \frac{1}{3}\tan^3 x + c$.

含有三角函数的积分具有一定的规律性，请读者自行总结.

利用第一换元积分法求不定积分，比复合函数求导数要困难得多，其中需要一定的技巧，而且如何选取 $u=\varphi(x)$ 换元没有一般规律可循，有时需要几次尝试才能选得恰当，因此要掌握第一换元法除了熟悉一些典型的例子外，关键还要注意总结特殊规律，多多练习才行.

1.3.2.2 第二换元法

第一换元积分法是令可导函数 $\varphi(x)=u$，把 $\int f[\varphi(x)]\varphi'(x)\mathrm{d}x$ 转化为容易计算的 $\int f(u)\mathrm{d}u$ 形式. 但我们也经常遇到相反的问题，对不易计算的 $\int f(x)\mathrm{d}x$ 来说，适当地选择变量 $x=\psi(t)$ 将 $\int f(x)\mathrm{d}x$ 转化成容易计算的 $\int f[\psi(t)]\psi'(t)\mathrm{d}t$ 形式，这便是第二换元积分法.

定理 1-6 设函数 $f(x)$ 连续，$x=\psi(t)$ 是单调、可导的函数，且 $\psi'(t)\neq 0$，则有换元公式
$$\int f(x)\mathrm{d}x \overset{x=\psi(t)}{=} \int f[\psi(t)]\psi'(t)\mathrm{d}t = \int \Phi(t)\mathrm{d}t = F(t)+c \overset{t=\psi^{-1}(x)}{=} F[\psi^{-1}(x)]+c.$$
这里 $t=\psi^{-1}(x)$ 是 $x=\psi(t)$ 的反函数.

第二换元积分法对于某些无理函数积分的计算有较好的效果.

例 1-47 求 $\int \frac{1}{1+\sqrt[3]{x}}\mathrm{d}x$.

解 被积函数中含有 $\sqrt[3]{x}$ 是解题的困难所在，为去掉根号，令 $\sqrt[3]{x}=t$，则 $x=t^3$，$\mathrm{d}x=3t^2\mathrm{d}t$ 于是
$$\int \frac{1}{1+\sqrt[3]{x}}\mathrm{d}x = \int \frac{3t^2}{1+t}\mathrm{d}t = 3\int \frac{(t^2-1)+1}{1+t}\mathrm{d}t = 3\int (t-1)\mathrm{d}t + 3\int \frac{\mathrm{d}t}{1+t}$$
$$= 3\left(\frac{t^2}{2} - t + \ln|1+t|\right) + c$$
$$\overset{t=\sqrt[3]{x}}{=} 3\left(\frac{\sqrt[3]{x^2}}{2} - \sqrt[3]{x} + \ln|1+\sqrt[3]{x}|\right) + c.$$

例 1-48 求 $\int \sqrt{a^2-x^2}\mathrm{d}x$，$(a>0)$.

解 利用三角公式 $\sin^2 t + \cos^2 t = 1$ 来化去根式.

令 $x=a\sin t$，$\mathrm{d}x=a\cos t\mathrm{d}t$

$$\int\sqrt{a^2-x^2}\,\mathrm{d}x=\int\sqrt{a^2-a^2\sin^2 t}\cdot a\cos t\mathrm{d}t=a^2\int\cos^2 t\mathrm{d}t$$

$$=a^2\int\frac{1+\cos 2t}{2}\mathrm{d}t=\frac{a^2}{2}(t+\frac{1}{2}\sin 2t)+c$$

$$=\frac{a^2}{2}(t+\sin t\cdot\cos t)+c.$$

根据 $\sin t=\frac{x}{a}$ 作辅助三角形，见图 1-4，则 $t=\arcsin\frac{x}{a}$，

$\cos t=\frac{\sqrt{a^2-x^2}}{a}$. 于是

$$\int\sqrt{a^2-x^2}\,\mathrm{d}x=\frac{a^2}{2}\arcsin\frac{x}{a}+\frac{1}{2}x\sqrt{a^2-x^2}+c.$$

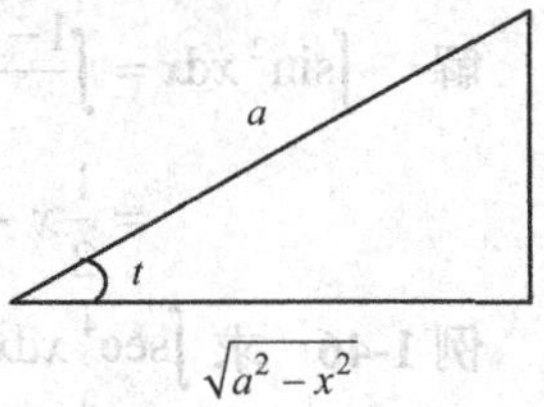

图 1-4

例 1-49 求 $\int\frac{\mathrm{d}x}{\sqrt{x^2+a^2}}$，$(a>0)$.

解 利用三角公式 $1+\tan^2 t=\sec^2 t$ 来化去根式.

令 $x=a\tan t$，$\mathrm{d}x=a\sec^2 t\mathrm{d}t$

$$\int\frac{\mathrm{d}x}{\sqrt{x^2+a^2}}=\int\frac{a\sec^2 t\mathrm{d}t}{\sqrt{a^2\tan^2 t+a^2}}=\int\frac{\sec^2 t}{\sec t}\mathrm{d}t=\int\sec t\mathrm{d}t$$

$$=\ln\left|\sec t+\tan t\right|+c_1$$

根据 $\tan t=\frac{x}{a}$ 作辅助三角形，见图 1-5.

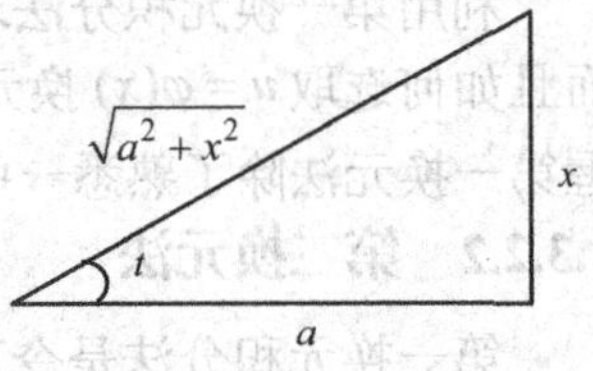

图 1-5

$$\int\frac{\mathrm{d}x}{\sqrt{x^2+a^2}}=\ln\left|\frac{\sqrt{x^2+a^2}}{a}+\frac{x}{a}\right|+c_1=\ln\left|\sqrt{x^2+a^2}+x\right|+c,\quad(c=c_1-\ln a).$$

例 1-50 求 $\int\frac{\mathrm{d}x}{\sqrt{x^2-a^2}}$，$(a>0)$.

解 利用三角公式 $\sec^2 t-1=\tan^2 t$ 来化去根式.

令 $x=a\sec t$，$\mathrm{d}x=a\sec t\cdot\tan t\mathrm{d}t$

$$\int\frac{\mathrm{d}x}{\sqrt{x^2-a^2}}=\int\frac{a\sec t\cdot\tan t\mathrm{d}t}{\sqrt{a^2\sec^2 t-a^2}}=\int\sec t\mathrm{d}t$$

$$=\ln\left|\sec t+\tan t\right|+c_1$$

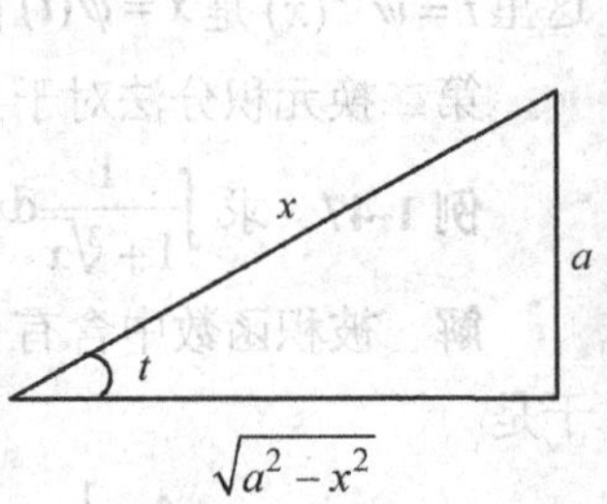

图 1-6

根据 $\sec t=\frac{x}{a}$ 作辅助三角形，见图 1-6，

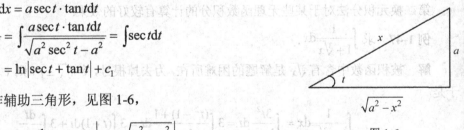

$$\int\frac{\mathrm{d}x}{\sqrt{x^2-a^2}}=\ln\left|\frac{x}{a}+\frac{\sqrt{x^2-a^2}}{a}\right|+c_1$$

$$=\ln\left|x+\sqrt{x^2-a^2}\right|+c,(c=c_1-\ln a).$$

从上面的例子可以看出，当被积函数含有根式 $\sqrt{a^2-x^2}$ 或 $\sqrt{a^2\pm x^2}$ 时，可将被积函数作如下变换：

（1）含有 $\sqrt{a^2-x^2}$ 时，令 $x=a\sin t$；

（2）含有 $\sqrt{x^2+a^2}$ 时，令 $x=a\tan t$；

（3）含有 $\sqrt{x^2-a^2}$ 时，令 $x=a\sec t$.

在解题时要分析被积函数的具体情况，应选取尽可能简捷的换元，不拘于上述的形式（如本节例 1-40）.

有几个积分结果以后往常遇到，可当作公式使用，作为基本公式的补充列在下面.

（14）$\int\tan x\mathrm{d}x=-\ln|\cos x|+c$　　（15）$\int\cot x\mathrm{d}x=\ln|\sin x|+c$

（16）$\int\sec x\mathrm{d}x=\ln|\sec x+\tan x|+c$　　（17）$\int\csc x\mathrm{d}x=\ln|\csc x-\cot x|+c$

（18）$\int\frac{\mathrm{d}x}{a^2+x^2}=\frac{1}{a}\arctan\frac{x}{a}+c$　　（19）$\int\frac{\mathrm{d}x}{x^2-a^2}=\frac{1}{2a}\ln\left|\frac{x-a}{x+a}\right|+c$

（20）$\int\frac{\mathrm{d}x}{\sqrt{a^2-x^2}}=\arcsin\frac{x}{a}+c$　　（21）$\int\frac{\mathrm{d}x}{\sqrt{x^2\pm a^2}}=\ln\left|x+\sqrt{x^2\pm a^2}\right|+c$

1.3.3　分部积分法

换元积分法是在复合函数求导法则的基础上推导的一种积分方法，下面我们由两个函数乘积的微分法则推导出另一种积分法则——分部积分法. 这种方法主要是解决被积函数是两类不同函数乘积的不定积分.

定理 1-7　设 $u=u(x)$，$v=v(x)$ 具有连续的导数 $u'(x)$ 和 $v'(x)$，则有分部积分公式

$$\int u\mathrm{d}v=uv-\int v\mathrm{d}u$$

证明　由两个函数乘积的微分法则

$$\mathrm{d}(uv)=u\mathrm{d}v+v\mathrm{d}u$$

移项

$$u\mathrm{d}v=\mathrm{d}(uv)-v\mathrm{d}u$$

两边积分

$$\int u\mathrm{d}v=uv-\int v\mathrm{d}u.$$

分部积分公式的意义在于将 $\int u\mathrm{d}v$ 转化成 $\int v\mathrm{d}u$，如果 $\int u\mathrm{d}v$ 不容易计算，而 $\int v\mathrm{d}u$ 容易计算，则此公式就起到了化难为易的作用了.

例 1-51　求 $\int xe^x\mathrm{d}x$.

解　设 $u=x$，$\mathrm{d}v=\mathrm{e}^x\mathrm{d}x$，则 $\mathrm{d}u=\mathrm{d}x$，$v=\mathrm{e}^x$.

$$\int x\mathrm{e}^x\mathrm{d}x=x\mathrm{e}^x-\int\mathrm{e}^x\mathrm{d}x=x\mathrm{e}^x-\mathrm{e}^x+c$$

如果设 $u=\mathrm{e}^x$，$\mathrm{d}v=x\mathrm{d}x$，$\mathrm{d}u=\mathrm{e}^x\mathrm{d}x$，$v=\frac{x^2}{2}$

$$\int x\mathrm{e}^x\mathrm{d}x=\mathrm{e}^x\cdot\frac{x^2}{2}-\int\frac{x^2}{2}\mathrm{d}(\mathrm{e}^x)=\mathrm{e}^x\cdot\frac{x^2}{2}-\int\frac{x^2}{2}\mathrm{e}^x\mathrm{d}x.$$

易见右边的积分反而比左边复杂，这说明 u，$\mathrm{d}v$ 的选取是不适当的.

一般地，选取 u，$\mathrm{d}v$ 可以按以下两个原则：

（1）由 $\mathrm{d}v$ 求 v 时要相对容易；

（2）$\int v\mathrm{d}u$ 要比 $\int u\mathrm{d}v$ 容易积出.

例 1-52　求 $\int x^2\mathrm{e}^x\mathrm{d}x$.

解　设 $u=x^2$，$\mathrm{d}v=\mathrm{e}^x\mathrm{d}x$，则 $\mathrm{d}u=2x\mathrm{d}x$，$v=\mathrm{e}^x$，于是

$$\int x^2e^x\mathrm{d}x = x^2e^x - 2\int xe^x\mathrm{d}x$$

这里 $\int xe^x\mathrm{d}x$ 比 $\int x^2e^x\mathrm{d}x$ 容易求，由例 1-51 可知，对 $\int xe^x\mathrm{d}x$ 再使用一次分部积分法就可以求出其结果.

$$\int x^2e^x\mathrm{d}x = x^2e^x - 2\int xe^x\mathrm{d}x = x^2e^x - 2(xe^x - e^x) + c$$
$$= e^x(x^2 - 2x + 2) + c\,.$$

例 1-53 求 $\int x\sin\frac{x}{2}\mathrm{d}x$.

解 设 $u = x$，$\mathrm{d}v = \sin\frac{x}{2}\mathrm{d}x$，则 $\mathrm{d}u = \mathrm{d}x$，$v = -2\cos\frac{x}{2}$.

$$\int x\sin\frac{x}{2}\mathrm{d}x = -2x\cos\frac{x}{2} + \int 2\cos\frac{x}{2}\mathrm{d}x$$
$$= -2x\cos\frac{x}{2} + 4\sin\frac{x}{2} + c\,.$$

例 1-54 求 $\int x^2\ln x\mathrm{d}x$.

解 设 $u = \ln x$，$\mathrm{d}v = x^2\mathrm{d}x = \mathrm{d}(\frac{x^3}{3})$，

$$\int x^2\ln x\mathrm{d}x = \int \ln x\mathrm{d}(\frac{x^3}{3}) = \frac{x^3}{3}\ln x - \int\frac{x^3}{3}\mathrm{d}\ln x$$
$$= \frac{x^3}{3}\ln x - \frac{1}{3}\int x^2\mathrm{d}x = \frac{x^3}{3}\ln x - \frac{1}{3}\cdot\frac{1}{3}x^3 + c$$
$$= \frac{x^3}{3}\ln x - \frac{x^3}{9} + c\,.$$

对分部积分法熟练后，计算时 u 和 $\mathrm{d}v$ 可默记在心里不必写出.

例 1-55 求 $\int x\arctan x\mathrm{d}x$.

解
$$\int x\arctan x\mathrm{d}x = \int \arctan x\mathrm{d}\frac{x^2}{2} = \frac{x^2}{2}\arctan x - \int\frac{x^2}{2}\mathrm{d}(\arctan x)$$
$$= \frac{x^2}{2}\arctan x - \frac{1}{2}\int\frac{x^2}{1+x^2}\mathrm{d}x$$
$$= \frac{x^2}{2}\arctan x - \frac{x}{2} + \frac{1}{2}\arctan x + c\,.$$

由上面的例子可以看出，如果被积函数是幂函数与指数函数或三角函数的乘积，可令幂函数为 u；如果被积函数是幂函数与对数函数或反三角函数的乘积，可令对数函数或反三角函数为 u.

在积分过程中，往往兼用两种以上的积分方法，要根据被积函数的特点做出选择.

例 1-56 求 $\int e^{\sqrt{x}}\mathrm{d}x$.

解 设 $\sqrt{x} = t$，则 $x = t^2$，$\mathrm{d}x = 2t\mathrm{d}t$，于是

$$\int e^{\sqrt{x}}\mathrm{d}x = 2\int te^t\mathrm{d}t = 2\int t\mathrm{d}e^t = 2(te^t - \int e^t\mathrm{d}t)$$
$$= 2(te^t - e^t) + c = 2e^t(t-1) + c$$

$$=2e^{\sqrt{x}}(\sqrt{x}-1)+c.$$

1.3.4 积分表的使用

在实际工作中，常常会遇到各种不同类型的积分. 为了方便，人们把一些函数的不定积分汇编成表以供查阅. 用查积分表求不定积分时，首先要判定被积函数（或经过适当变形后）的类型，然后在所属类型中找到相应的公式，写出所求积分的结果.

举例说明积分表的查阅方法.

例 1-57 查表求 $\int\frac{dx}{5+3\sin x}$.

解 被积函数含有三角函数，在积分表第十一部分（见本书附录 常用积分公式）中查得关于 $\int\frac{dx}{a+b\sin x}$ 的公式。现在 $a=5$，$b=3$，$a^2>b^2$.用附录中的公式（103）

$$\int\frac{dx}{5+3\sin x}=\frac{2}{\sqrt{5^2-3^2}}\arctan\frac{5\tan\frac{x}{2}+3}{\sqrt{5^2-3^2}}+c$$

$$=\frac{1}{2}\arctan\frac{5\tan\frac{x}{2}+3}{4}+c.$$

例 1-58 查表求 $\int\sqrt{4x^2+9}dx$.

解 表中不能直接查到，若令 $2x=u$ 则有

$$\int\sqrt{4x^2+9}dx=\frac{1}{2}\int\sqrt{a^2+3^2}du$$

在附录中积分表的第六部分，公式（39），$a=3$，于是

$$\int\sqrt{4x^2+9}dx=\frac{1}{2}\int\sqrt{a^2+3^2}du=\frac{1}{2}[\frac{u}{2}\sqrt{u^2+9}+\frac{9}{2}\ln(u+\sqrt{u^2+9})]+c$$

$$=\frac{x}{2}\sqrt{4x^2+9}+\frac{9}{4}\ln(2x+\sqrt{4x^2+9})+c.$$

一般地说，查表求积分可以节省计算积分的时间，但是只有掌握了前面学过的基本积分方法后才能灵活地使用. 有些比较简单的积分计算比查表更快些. 因此求积分是计算还是查表或是两者结合使用应做具体分析，不能一概而论.

1.4 定积分

本节我们将从实际问题出发，引出定积分的概念，然后介绍定积分的性质、计算方法、在定积分应用中将重点介绍元素法——将一个量表示成定积分的分析方法，解决一些几何、物理中的实际问题。

1.4.1 定积分的概念与性质

1.4.1.1 问题的引入

例 1-59 求 $x=a$，$x=b$，$y=0$，$y=f(x)$ 所围成的曲边梯形的面积 A，如图 1-7 所示.

分析：矩形面积=底×高，而曲边梯形上每一点的高不相同，但我们知道底（自变量）

变化很小时，高（函数）变化也很小，此时曲边梯形面积近似地可以看成是一个矩形的面积. 一般地说，底越小，近似程度越高，底无限小，小矩形的和取极限，就是曲线梯形面积的精确值.

① 任取分点：$a = x_0 < x_1 < \cdots < x_{i-1} < x_i \cdots < x_{n-1} < x_n = b$，把$[a,b]$分成$n$个小区间，过每个分点$x_i$，做$x$轴的垂线，把曲边梯形分成$n$个小曲边梯形，记第$i$个小曲边梯形的底长$\Delta x_i = x_i - x_{i-1}$，面积为$\Delta A_i$.

② 以常代变：在第i个窄曲边梯形的底$[x_{i-1}, x_i]$ $(i = 1,2,\cdots,n)$上任取一点ξ_i $(x_{i-1} \leqslant \xi_i \leqslant x_i)$. 以$\Delta x_i$为底，$f(\xi_i)$为高作一个小矩形，则$\Delta A_i \approx f(\xi_i)\Delta x_i$ $(i = 1,2,\cdots, n)$. 如图 1-8 所示.

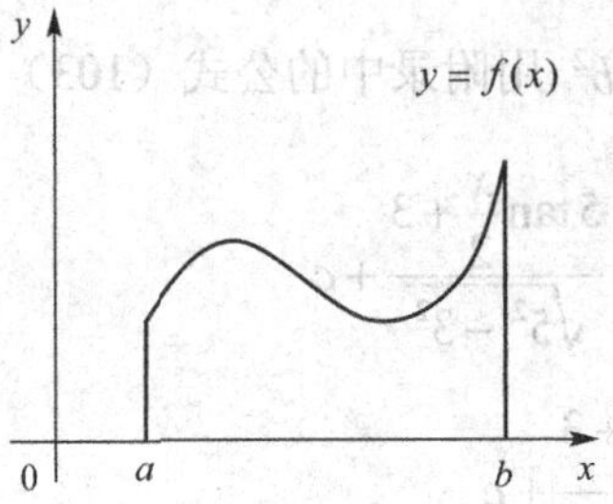

图 1-7

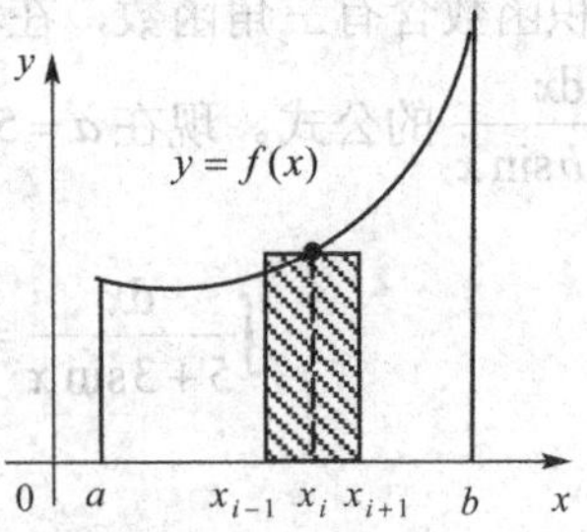

图 1-8

③ 积零为整：

$$A = \sum_{i=1}^{n} \Delta A_i = \sum_{i=1}^{n} f(\xi_i)\Delta x_i .$$

④ 再取极限：当分点无限增加，且小区间最大长度$\lambda = \max\limits_{1 \leqslant i \leqslant n}\{\Delta x_i\}$趋于零时，上述和式的极限就是曲边梯形的面积.

$$A = \lim_{\lambda \to 0} \sum_{i=1}^{n} f(\xi_i)\Delta x_i .$$

曲边梯形的面积是一个极限.

例 1-60 设一物体作变速直线运动，已知速度v是时间t在区间$[a,b]$上的连续函数，求物体在这段间隔内经过的路程s.

分析：匀速运动的路程计算方法：$s = v \cdot t$就整个时间区间$[a,b]$说来，变速运动不能看成匀速运动. 但如果把$[a,b]$分成若干小段，每一小段上速度变化不大，可近似看成匀速运动，类似于例 1-59 的方法有如下几种.

① 任取分点$a = t_0 < t_1 < \cdots < t_{i-1} < t_i < \cdots < t_{n-1} < t_n = b$，把$[a,b]$分成$n$个小区间，其长度为$\Delta t_i = t_i - t_{i-1}$，$(i = 1,2,\cdots,n)$，物体在第$i$个时间段所走的路程为$\Delta s_i$.

② 以常代变：在区间$[t_{i-1}, t_i]$，$(i = 1,2,\cdots,n)$上用其中任一时刻ξ_i的速度$v(\xi_i)$替代变化的速度，从而得Δs_i的近似值

$$\Delta s_i \approx v(\xi_i)\Delta t_i .$$

③ 积零为整：把每一小段路程相加，得物体在$[a,b]$上路程的近似值

$$s \approx \sum_{i=1}^{n} v(\xi_i)\Delta t_i .$$

④ 再取极限：当分点无限增加，小区间最大长度 $\lambda = \max\limits_{1\leqslant i\leqslant n}\{\Delta t_i\}$ 趋于零时，上述和式的极限就是路程 s 的精确值，即

$$s = \lim_{\lambda \to 0}\sum_{i=1}^{n} v(\xi_i)\Delta t_i$$

可见，变速直线运动的路程也是一个和式的极限.

上述两个例子，尽管所要计算量的实际意义不同，但计算这些量的方法步骤是相同的，最终都归结为求一个和式的极限，这种和式的极限在数学上称为定积分.

1.4.1.2　定积分的概念

定义 1-10　设函数 $y = f(x)$ 在区间 $[a,b]$ 上有定义，任取分点

$$a = x_0 < x_1 < \cdots < x_{i-1} < x_i \cdots < x_{n-1} < x_n = b$$

将区间 $[a,b]$ 分成 n 个小区间 $[x_{i-1},x_i]$，其长度 $\Delta x_i = x_{i-1} - x_i$，$(i=1,2,\cdots,n)$，在每个小区间 $[x_{i-1},x_i]$ 上任取一点 ξ_i，$(x_{i-1} \leqslant \xi_i \leqslant x_i)$，作乘积的和式

$$\sum_{i=1}^{n} f(\xi_i)\Delta x_i$$

记 $\lambda = \max\limits_{1\leqslant i\leqslant n}\{\Delta x_i\}$，如果不论对 $[a,b]$ 怎样分法和 ξ_i 如何选取，当 $\lambda \to 0$ 时极限存在，则称此极限值为函数 $f(x)$ 在区间 $[a,b]$ 上的定积分，记作 $\int_a^b f(x)\mathrm{d}x$，即

$$\int_a^b f(x)\mathrm{d}x = \lim_{\lambda \to 0}\sum_{i=1}^{n} f(\xi_i)\Delta x_i .$$

其中，$f(x)$ 叫做被积函数；$f(x)\mathrm{d}x$ 叫做被积表达式；x 叫做积分变量；a 和 b 分别叫作积分的下限与上限；$[a,b]$ 叫做积分区间.

根据定积分的定义，前面的两个例子可以分别写成定积分的形式：

曲边梯形的面积 A 等于其曲边 $y = f(x)$ 在其底所在区间 $[a,b]$ 上的定积分：

$$A = \int_a^b f(x)\mathrm{d}x .$$

变速直线运动的路程 s 等于其速度函数 $v = v(t)$，在时间区间 $[a,b]$ 上的定积分

$$s = \int_a^b v(t)\mathrm{d}t .$$

以下为关于定积分概念的几点说明.

（1）定积分是一个数值，它仅与被积函数及积分区间有关，与积分变量无关.

$$\int_a^b f(x)\mathrm{d}x = \int_a^b f(t)\mathrm{d}t = \int_a^b f(u)\mathrm{d}u = \cdots .$$

（2）定义 1-10 是在 $a < b$ 的情况下给出的，可以证明，不论 $a < b$ 或 $a > b$，总有

$$\int_a^b f(x)\mathrm{d}x = -\int_b^a f(x)\mathrm{d}x .$$

特别地，当 $a = b$ 时

$$\int_a^b f(x)\mathrm{d}x = 0 .$$

1.4.1.3　定积分的几何意义

由例 1-59 可知，当 $f(x) \geqslant 0$ 时，定积分 $\int_a^b f(x)\mathrm{d}x$ 就表示以 $y = f(x)$ 为曲边的曲边梯形的面积. 当 $f(x) < 0$ 时，定积分是负值，其绝对值等于曲边梯形的面积.

如果 $f(x)$ 在 $[a,b]$ 上连续，且有时为正有时为负，则定积分 $\int_a^b f(x)\mathrm{d}x$ 就等于由曲线 $y=f(x)$，直线 $x=a$，$x=b$ 与 x 轴围成的几个曲边梯形面积的代数和. 例如对图 1-9 所示的情况就有

$$\int_a^b f(x)\mathrm{d}x = A_1 - A_2 + A_3 .$$

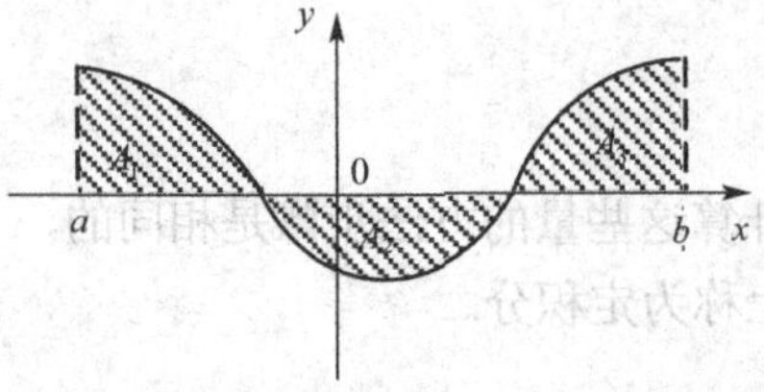

图 1-9

总之，尽管定积分 $\int_a^b f(x)\mathrm{d}x$ 在各种问题中所代表的实际意义不同，但它的数值在几何上都可以用曲边梯形面积的代数和来表示，这就是定积分的几何意义.

1.4.1.4　定积分的性质

性质 1-6　被积函数中的常数因子可以提到积分符号前面.

$$\int_a^b kf(x)\mathrm{d}x = k\int_a^b f(x)\mathrm{d}x \quad（k \text{ 为常数}）.$$

性质 1-7　函数代数和的定积分等于各个函数定积分的代数和（以两个函数为例）.

$$\int_a^b [f(x)\pm g(x)]\mathrm{d}x = \int_a^b f(x)\mathrm{d}x + \int_a^b g(x)\mathrm{d}x .$$

性质 1-8　定积分的区间可加性：不论 a，b，c 大小顺序如何均有

$$\int_a^b f(x)\mathrm{d}x = \int_a^c f(x)\mathrm{d}x + \int_c^b f(x)\mathrm{d}x .$$

1.4.2　定积分的计算

1.4.2.1　牛顿-莱布尼兹公式

按照定积分的定义，用求和式极限的方法计算定积分是相当困难的. 为了寻求简单的计算方法我们对变速直线运动的位置函数 $s(t)$ 与速度函数 $v(t)$ 之联系作进一步分析.

由例 1-60 可知，物体在区间 $[a,b]$ 的路程 s 可表示为定积分 $\int_a^b v(t)\mathrm{d}t$，另一方面路程 s 又可以表示为 $s(t)$ 在这段时间区间上的增量 $s(b)-s(a)$，于是有

$$\int_a^b v(t)\mathrm{d}t = s(b)-s(a) .$$

根据导数的物理意义 $s'(t)=v(t)$. 即 $s(t)$ 是 $v(t)$ 的一个原函数. 因此为求定积分 $\int_a^b v(t)\mathrm{d}t$，只需求 $v(t)$ 的原函数 $s(t)$，然后计算 $s(b)-s(a)$.

如果抽去上面问题的物理意义，便可得到计算定积分 $\int_a^b f(x)\mathrm{d}x$ 的一般方法.

定理 1-8（牛顿-莱布尼兹公式）　设 $F(x)$ 是连续函数 $f(x)$ 在区间 $[a,b]$ 上的一个原函数，则

$$\int_a^b f(x)\mathrm{d}x = [F(x)]_a^b = F(b)-F(a) .$$

该定理揭示了定积分和不定积分之间的联系和计算定积分的有效而简便的方法.

例 1-61　计算 $\int_{-\frac{\pi}{4}}^{\frac{\pi}{2}} \cos x\mathrm{d}x$.

解　$\int_{-\frac{\pi}{4}}^{\frac{\pi}{2}} \cos x\mathrm{d}x = [\sin x]_{\frac{\pi}{4}}^{\frac{\pi}{2}} = \cos\frac{\pi}{2} - \cos\frac{\pi}{4} = 1-\frac{\sqrt{2}}{2}$.

例 1-62　计算 $\int_1^e \frac{1+\ln x}{x}dx$.

解　$\int_1^e \frac{1+\ln x}{x}dx = \int_1^e (1+\ln x)d(1+\ln x) = [\frac{1}{2}(1+\ln x)]_1^e = \frac{1}{2}(4-1) = \frac{3}{2}$.

1.4.2.2　定积分的换元法

牛顿-莱布尼兹公式给出了计算定积分的方法，但在有些情况下恰当地使用定积分的换元和分部积分法，可以进一步简化解题过程.

定理 1-9　设函数 $f(x)$ 在区间 $[a,b]$ 上连续，令 $x=\varphi(u)$，且 $\varphi(\alpha)=a$，$\varphi(\beta)=b$，如果

（1）$\varphi(u)$ 在区间 $[\alpha,\beta]$ 上有连续的导数 $\varphi'(u)$.

（2）当 u 从 α 变到 β 时，$\varphi(u)$ 从 a 单调地变到 b 则有

$$\int_a^b f(x)dx = \int_\alpha^\beta f[\varphi(u)]\varphi'(u)du.$$

例 1-63　计算 $\int_0^a \sqrt{a^2-x^2}dx$，$(a>0)$.

解　令 $x=a\sin u$，则 $dx=a\cos u du$，当 $x=0$ 时，$u=0$；$x=a$，$u=\frac{\pi}{2}$. 于是

$$\int_0^a \sqrt{a^2-x^2}dx = a^2\int_0^{\frac{\pi}{2}}\cos^2 u du = \frac{a^2}{2}\int_0^{\frac{\pi}{2}}(1+\cos 2u)du$$

$$= \frac{a^2}{2}[u+\frac{1}{2}\sin 2u]_0^{\frac{\pi}{2}} = \frac{\pi a^2}{4}.$$

例 1-64　计算 $\int_0^{\frac{\pi}{2}}\cos^5 x\sin x dx$.

解　令 $u=\cos x$，则 $du=-\sin x dx$，当 $x=0$ 时，$u=1$；$x=\frac{\pi}{2}$，$u=0$. 于是

$$\int_0^{\frac{\pi}{2}}\cos^5 x\sin x dx = -\int_1^0 u^5 du = \int_0^1 u^5 du = \frac{1}{6}[u^6]_0^1 = \frac{1}{6}.$$

在例 1-64 中，如果我们不明显地写出新变量 u，则积分的上、下限就不要改变，例如

$$\int_0^{\frac{\pi}{2}}\cos^5 x\sin x dx = -\int_0^{\frac{\pi}{2}}\cos^5 x d\cos x = -[\frac{\cos^6 x}{6}]_0^{\frac{\pi}{2}} = -(0-\frac{1}{6}) = \frac{1}{6}.$$

用定积分的换元积分法解题时，必须注意的是用 $x=\varphi(u)$ 把原来的积分变量 x 代换成新的积分变量 u 时，积分限也要换成相应的新变量 u 的积分限，即“换元必换限”. 如果不引入新变量就不要换限了.

在计算对称区间上的定积分时，如能判断被积函数的奇偶性，应用如下公式可使计算简化：

① 若 $f(x)$ 在 $[-a,a]$ 上连续且为偶函数时，则

$$\int_{-a}^a f(x)dx = 2\int_0^a f(x)dx.$$

② 若 $f(x)$ 在 $[-a,a]$ 上连续且为奇函数时，则

$$\int_{-a}^a f(x)dx = 0.$$

例如

$$\int_{-\frac{\pi}{2}}^{\frac{\pi}{2}} 4\cos^2\theta d\theta = 2\int_0^{\frac{\pi}{2}} 4\cos^2\theta d\theta = 4\int_0^{\frac{\pi}{2}}(1+\cos 2\theta)d\theta$$

$$=4[\theta+\frac{\sin 2\theta}{2}]_0^{\frac{\pi}{2}}=4\times\frac{\pi}{2}=2\pi.$$

$$\int_{-\frac{\pi}{4}}^{\frac{\pi}{4}}\frac{x}{1+\cos x}dx=0.$$

1.4.2.3 定积分的分部积分法

由不定积分的分部积分公式和牛顿-莱布尼兹公式可得到如下定理.

定理 1-10 设函数 $u(x)$，$v(x)$ 在区间 $[a,b]$ 上具有连续的导数，那么

$$\int_a^b u\mathrm{d}v=[uv]_a^b-\int_a^b v\mathrm{d}u.$$

例 1-65 计算 $\int_0^\pi x\cos x\mathrm{d}x$.

解 $\int_0^\pi x\cos x\mathrm{d}x=\int_0^\pi x\mathrm{d}\sin x=[x\sin x]_0^\pi-\int_0^\pi \sin x\mathrm{d}x$

$$=0-\int_0^\pi \sin x\mathrm{d}x=[\cos x]_0^\pi=-2.$$

由例 1-65 看出，用定积分的分部积分法时，不必等全部原函数求出后再代入上、下限.

1.4.2.4 无穷区间上的广义积分

前面我们所讨论的定积分中的积分区间为有限的，在实际问题中常常需要把有限区间扩展到无限的情形，这种积分通常称为广义积分.

定义 1-11 设函数 $f(x)$ 在 $[a,+\infty)$ 上连续，取 $b>a$，若极限 $\lim\limits_{b\to+\infty}\int_a^b f(x)\mathrm{d}x$ 存在，则称此极限值为函数 $f(x)$ 在 $[a,+\infty)$ 上的广义积分，记 $\int_a^{+\infty} f(x)\mathrm{d}x$，即

$$\int_a^{+\infty} f(x)\mathrm{d}x=\lim_{b\to+\infty}\int_a^b f(x)\mathrm{d}x.$$

这时也称广义积分 $\int_a^{+\infty} f(x)\mathrm{d}x$ 收敛；如果上述极限不存在，就称广义积分 $\int_a^{+\infty} f(x)\mathrm{d}x$ 发散.

类似地可以定义函数 $f(x)$ 在 $(-\infty,b]$ 上的广义积分

$$\int_{-\infty}^b f(x)\mathrm{d}x=\lim_{a\to-\infty}\int_a^b f(x)\mathrm{d}x.$$

$$\int_{-\infty}^{+\infty} f(x)\mathrm{d}x=\int_{-\infty}^0 f(x)\mathrm{d}x+\int_0^{+\infty} f(x)\mathrm{d}x=\lim_{a\to-\infty}\int_a^0 f(x)\mathrm{d}x+\lim_{b\to+\infty}\int_0^b f(x)\mathrm{d}x.$$

例 1-66 计算广义积分 $\int_{-\infty}^0 x\mathrm{e}^x\mathrm{d}x$.

解 $\int_{-\infty}^0 x\mathrm{e}^x\mathrm{d}x=\lim\limits_{b\to-\infty}\int_b^0 x\mathrm{d}\mathrm{e}^x=\lim\limits_{b\to-\infty}[x\mathrm{e}^x-\mathrm{e}^x]_b^0$

$$=\lim_{b\to-\infty}(\mathrm{e}^b-b\mathrm{e}^b-1)=-1$$

1.4.3 定积分的应用

1.4.3.1 元素法

应用定积分解决实际问题时，常用的方法就是定积分的元素法. 以本书求曲边梯形面积为例，说明元素法解题的思想过程.

曲边梯形面积 A 经过“分割—以常代变—积零为整—再取极限”四个步骤后，将其表示为特定的和式的极限形式. 在这四个步骤中，关键是第二步，这一步要确定 ΔA_i 的近似值 $f(\xi_i)\Delta x_i$ 使得

$$A=\lim_{\lambda\to 0}\sum_{i=1}^{n} f(\xi_i)\Delta x_i=\int_a^b f(x)\mathrm{d}x .$$

如图 1-10 所示为用 ΔA_i 表示任一小区间 $[x,x+\mathrm{d}x]$ 上的窄曲边梯形的面积，这样 $A=\sum_{i=1}^{n}\Delta A_i$，取 $\xi_i=x$，则 $\Delta x_i=\mathrm{d}x$，于是 $\Delta A_i\approx f(x)\mathrm{d}x$.

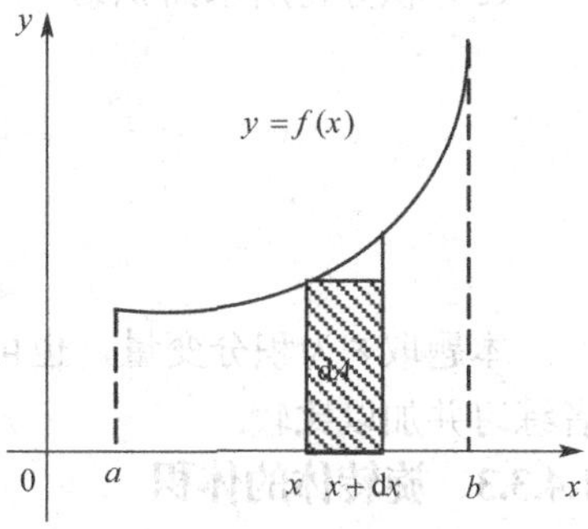

图 1-10

上式右边 $f(x)\mathrm{d}x$ 叫做面积元素，记为 $\mathrm{d}A$，即

$$\mathrm{d}A=f(x)\mathrm{d}x .$$

所以 $A=\int_a^b f(x)\mathrm{d}x=\int_a^b \mathrm{d}A$.

一般地，如果某一实际问题中的所求量 $V=f(x)$ 符合下列条件.

（1）V 与变量 x 的变化区间 $[a,b]$ 有关.

（2）V 对于区间 $[a,b]$ 具有可加性.

（3）部分量 ΔV 的近似值可表达为 $f(\xi_i)\Delta x_i$ 则可以考虑用定积分来表示这个量，其步骤为：

① 选取积分变量，确定它的变化区间 $[a,b]$；

② 找出所求量 V 的部分量的近似值 $\mathrm{d}V=f(x)\mathrm{d}x$；

③ 以 $\mathrm{d}V=f(x)\mathrm{d}x$ 为被积表达式，在 $[a,b]$ 上积分.

$$A=\int_a^b f(x)\mathrm{d}x=\int_a^b \mathrm{d}V .$$

这种方法叫做元素法. $\mathrm{d}V=f(x)\mathrm{d}x$ 称为所求量 V 的元素. 在定积分应用中，我们将应用元素法解决一些实际问题.

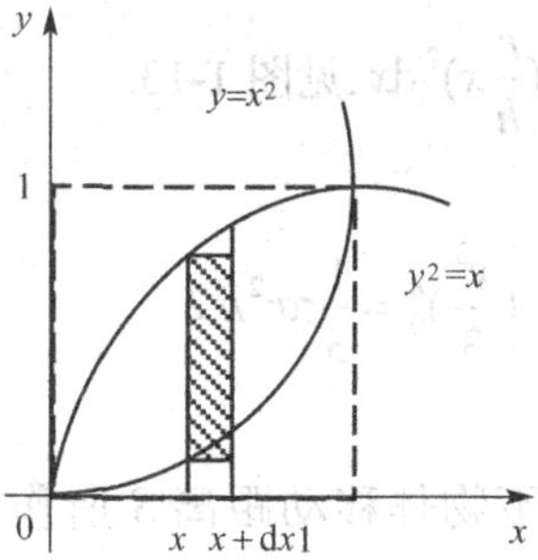

图 1-11

1.4.3.2 平面图形的面积

例 1-67 求由两条抛物线 $y^2=x$ 及 $y=x^2$ 所围成图形的面积.

解 （1）作草图（图 1-11）确定积分变量为 x.

解方程组 $\begin{cases} y^2=x \\ y=x^2 \end{cases}$，得交点 $(0,0)$，$(1,1)$，确定积分区间为 $[0,1]$.

（2）在区间 $[0,1]$ 上任取小区间 $[x,x+\mathrm{d}x]$，得面积元素为 $\mathrm{d}A=(\sqrt{x}-x^2)\mathrm{d}x$.

（3）积分得所求面积

$$A=\int_0^1 \mathrm{d}A=\int_0^1(\sqrt{x}-x^2)\mathrm{d}x=[\frac{2}{3}x^{\frac{3}{2}}-\frac{1}{3}x^3]_0^1=\frac{1}{3}.$$

例 1-68 求抛物线 $y^2=2x$ 与直线 $y=x-4$ 所围成图形的面积.

解 （1）作草图（图 1-12）确定积分变量为 y，则 x 是 y 的函数，解方程组

$$\begin{cases} x=\dfrac{y^2}{2} , \\ x=y+4 \end{cases}$$

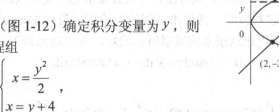

得交点 $(2,-2)$，$(8,4)$. 确定积分区间为 $[-2,4]$.

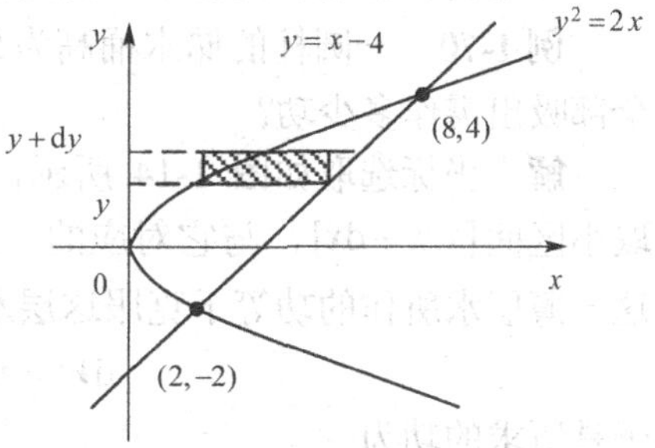

图 1-12

（2）面积元素为

$$dA=[(y+4)-\frac{y^2}{2}]dy.$$

（3）积分得所求面积为

$$A=\int_{-2}^{4}dA=\int_{-2}^{4}[(y+4)-\frac{y^2}{2}]dy$$

$$=\left(\frac{y^2}{2}+4y-\frac{y^3}{6}\right)_{-2}^{4}=18.$$

本题取 x 为积分变量，也可以得到相同的结果，但两种方法的难易程度会有不同，请读者练习并加以比较.

1.4.3.3　旋转体的体积

旋转体是由一个平面图形绕这平面内的一条直线旋转一周而成的立体，这条直线叫做旋转轴。旋转体的主要特点是垂直旋转轴的截面都是圆.

例 1-69　证明底半径为 r，高为 h 的圆锥体积为 $V=\frac{1}{3}\pi r^2 h$.

证明　圆锥体可看成由直线 $y=\frac{r}{h}x$，$y=0$，$x=h$ 围成的三角形绕 x 轴旋转一周所成体积.

（1）取积分变量为 x，积分区间为 $[0,h]$.

（2）在 $[0,h]$ 上任取小区间 $[x,x+dx]$，与它对应的薄片体积近似于以 $\frac{r}{h}x$ 为半径，dx 为高的圆柱体积从而得体积元素 $dV=\pi(\frac{r}{h}x)^2dx$.见图 1-13.

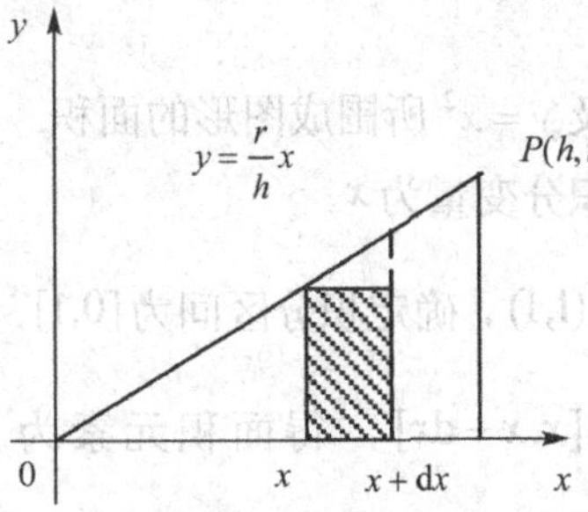

图 1-13

（3）积分得圆锥体积

$$V=\int_0^h dV=\pi\int_0^h(\frac{r}{h}x)^2dx=\frac{\pi r^2}{h^2}(\frac{x^3}{3})_0^h=\frac{1}{3}\pi r^2 h.$$

1.4.3.4　变力作功

由物理学知道，在力 F 的作用下物体移动距离 S 所作功为

$$W=FS.$$

如果物体在运动过程中所受到的力是变化的（如弹性功），就会遇到变力作功问题.

例 1-70　一圆柱的储水桶高为 5m，底圆半径为 3m，桶内盛满了水. 试问要把桶内的水全部吸出需作多少功?

解　坐标选取如图 1-14 所示，取深度 x 为积分变量它的变化区间为 $[0,5]$，在 $[0,5]$ 上任取小区间 $[x,x+dx]$，与它对应的一薄层水（圆柱）的重量为 $9800\pi\times3^2dx$. 从储水桶中抽出这一薄层水所作的功等于克服这层水的重量所作的功，所以功元素为

$$dW=9800\pi\times3^2dx\cdot x=88200\pi x dx.$$

于是所求的功为

$$W=\int_0^5 dW=\int_0^5 88200\pi x dx=88200\pi[\frac{x^2}{2}]_0^5=88200\pi\times\frac{25}{2}=3.462\times10^6(J).$$

1.4.3.5 液体压力

由物理学知道，面积为 A 的平板水平置于水深 h 处一侧所受的压力为

$$P=\rho ghA.$$

式中，ρ 为液体密度；g 为重力加速度. 如果平板铅直放置水中，由于平板上每个位置距液面的深度不同，不能直接利用上述公式，下面举例说明它的计算方法.

例 1-71 设一水平放置的水管，其断面是直径 6m 的圆，当水半满时，求水管一端竖立闸门上所受的压力.

解 坐标系选取如图 1-15 所示，圆的方程为 $x^2+y^2=9$，取深度 x 为积分变量，它的变化区间 $[0,3]$. 在 $[0,3]$ 上任取小区间 $[x,x+\mathrm{d}x]$，与它对应的曲边梯形近似于矩形，矩形面积为 $2\sqrt{9-x^2}\,\mathrm{d}x$，距水平面 $h=x$，它所受的侧压力近似于该位置的正压力，于是压力元素为

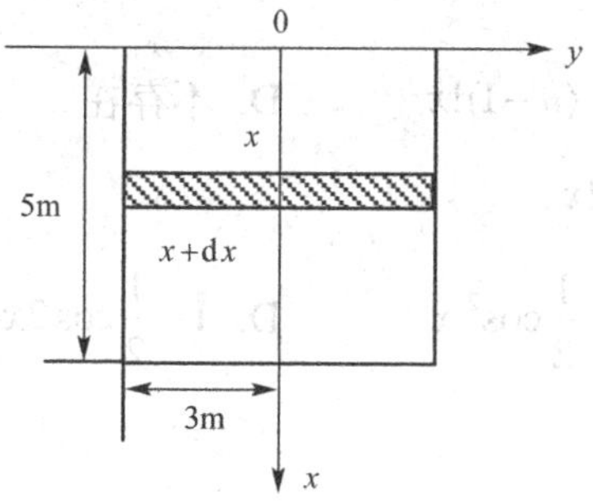

图 1-14

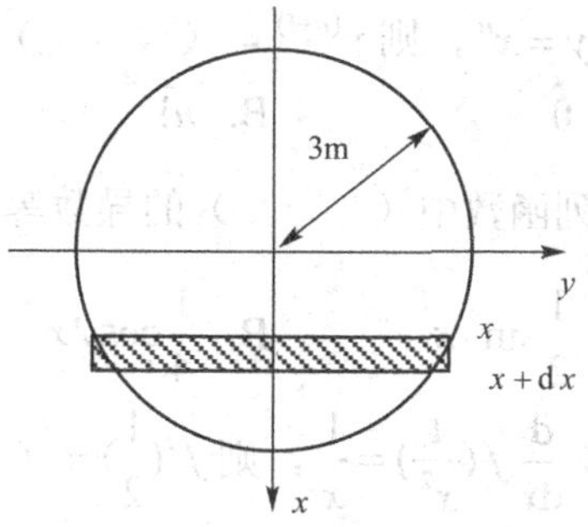

图 1-15

$$\mathrm{d}P=\rho ghA\mathrm{d}x=2\times9.8\times10^3x\sqrt{9-x^2}\,\mathrm{d}x.$$

于是所求压力为

$$P=\int_0^3\mathrm{d}P=\int_0^3 2\times9.8\times10^3x\sqrt{9-x^2}\,\mathrm{d}x=-9.8\times10^3\times\int_0^3\sqrt{9-x^2}\,\mathrm{d}(9-x^2)$$

$$=-9.8\times10^3\times\frac{2}{3}[(9-x^2)^{\frac{3}{2}}]_0^3\approx1.76\times10^5(\mathrm{N}).$$

习题一

1. 选择题

（1）设函数 $f(\frac{1}{x})=(\frac{x+1}{x})^2$，则 $f(x)=$（　　）.

A. $(\frac{x}{1+x})^2$　　B. $(\frac{x+1}{x})^2$　　C. $(1+x)^2$　　D. $(1-x)^2$

（2）下列函数中，基本初等函数是（　　）.

A. $y=\mathrm{e}^{x^2}$　　B. $y=\sqrt{x}$　　C. $y=2x+\cos x$　　D. $y=\ln(1+x)$

（3）设函数 $f(x)=\begin{cases}x+2 & -\infty<x<0\\ 2^x & 0\leqslant x<2\\ (x-2)^3 & 2\leqslant x<+\infty\end{cases}$，则等式（　　）成立.

A. $f(-1)=f(0)$　　B. $f(-1)=f(1)$　　C. $f(1)=f(3)$　　D. $f(2)=f(3)$

（4）设函数 $f(x)=\dfrac{|x|}{x}$，则 $\lim\limits_{x\to 0}f(x)$ 是（　　）．

A. -1　　B. 0　　C. 1　　D. 不存在

（5）函数 $y=\ln(1+x)$ 为无穷小量的条件是（　　）．

A. $x\to -1^{+}$　　B. $x\to 0$　　C. $x\to 1$　　D. $x\to +\infty$

（6）若极限 $\lim\limits_{\Delta x\to 0}\dfrac{f(x_0-\Delta x)-f(x_0)}{\Delta x}=A\ (A\neq 0)$，则（　　）．

A. $f'(x_0)=A$　　B. $f'(x_0)=-A$　　C. $f'(x_0)=2A$　　D. $f'(x_0)=-2A$

（7）设函数 $f(x)$ 与 $g(x)$ 有 $f'(x)=g'(x)$，以下说法错误的是（　　）．

A. $f(x)$ 和 $g(x)$ 的变化率相同　　B. $f(x)$ 不一定等于 $g(x)$

C. $f(x)$ 和 $g(x)$ 有同一切线　　D. $f(x)$ 和 $g(x)$ 的切线成零度的角

（8）若 $y=x^n$，则 $y^{(n+1)}=$（　　）．

A. 0　　B. $n!$　　C. $(n-1)!x$　　D. 不存在

（9）下列函数中（　　）的导数等于 $\dfrac{1}{2}\sin 2x$．

A. $\dfrac{1}{2}\sin^2 x$　　B. $\dfrac{1}{4}\cos 2x$　　C. $\dfrac{1}{2}\cos^2 x$　　D. $1-\dfrac{1}{2}\cos 2x$

（10）若 $\dfrac{\mathrm{d}}{\mathrm{d}x}f(\dfrac{1}{x^2})=\dfrac{1}{x}$，则 $f'(\dfrac{1}{2})=$（　　）．

A. $\dfrac{1}{\sqrt{2}}$　　B. -1　　C. 2　　D. -4

（11）设函数 $f(x)$ 可导，则 $\dfrac{\mathrm{d}}{\mathrm{d}x}\int f(x)\mathrm{d}x=$（　　）．

A. $f(x)$　　B. $f(x)+c$　　C. $f'(x)$　　D. $f'(x)+c$

（12）如果 $F(x)$ 与 $G(x)$ 都是 $f(x)$ 的原函数，那么 $\int[F(x)-G(x)]\mathrm{d}x=$（　　）．

A. 零　　B. 常数　　C. 一次函数　　D. 不存在

（13）若 $\int f(x)\mathrm{d}x=2\sin\dfrac{x}{2}+c$，则 $f(x)=$（　　）．

A. $\cos\dfrac{x}{2}+c$　　B. $\cos\dfrac{x}{2}$　　C. $2\cos\dfrac{x}{2}+c$　　D. $2\sin\dfrac{x}{2}$

（14）设 $f(x)$ 的一个原函数是 $F(x)=x^2-2$，那么 $f(x)$ 为（　　）．

A. $\dfrac{1}{3}x^3-2x$　　B. $\dfrac{1}{3}x^3-2x+c$　　C. $2x+c$　　D. $2x$

（15）计算 $\int f'(\dfrac{1}{x})\dfrac{1}{x^2}\mathrm{d}x$ 的结果中正确的是（　　）．

A. $f(-\dfrac{1}{x})+c$　　B. $-f(-\dfrac{1}{x})+c$　　C. $f(\dfrac{1}{x})+c$　　D. $-f(\dfrac{1}{x})+c$

（16）已知 $\int_1^3 f(x)\mathrm{d}x=3$，$\int_2^3 f(x)\mathrm{d}x=5$，则 $\int_1^2 f(x)\mathrm{d}x=$（　　）．

A. 8　　B. -8　　C. 2　　D. -2

（17）下列积分中，值为零的是（　　）．

A. $\int_{-1}^{1}x^2\mathrm{d}x$　　B. $\int_{-1}^{2}x^3\mathrm{d}x$　　C. $\int_{-1}^{1}\mathrm{d}x$　　D. $\int_{-1}^{1}x^2\sin x\mathrm{d}x$

（18）若 $\int_0^1 (2x+k)\mathrm{d}x = 2$，则 $k=$（　　）.

A. 0　　B. -1　　C. 1　　D. $\frac{1}{2}$

（19）设 $f(x)$ 在 $[-a,a]$ 上可积，则定积分 $\int_{-a}^{a} f(-x)\mathrm{d}x=$（　　）.

A. 0　　B. $2\int_0^a f(x)\mathrm{d}x$　　C. $-\int_{-a}^{a} f(x)\mathrm{d}x$　　D. $\int_{-a}^{a} f(x)\mathrm{d}x$

（20）下列广义积分收敛的是（　　）.

A. $\int_1^{+\infty}\frac{1}{\sqrt{x}}\mathrm{d}x$　　B. $\int_1^{+\infty}\frac{1}{x}\mathrm{d}x$　　C. $\int_1^{+\infty}\frac{\mathrm{d}x}{x^2}$　　D. $\int_1^{+\infty}\sqrt{x}\mathrm{d}x$

2. 填空题

（1）设函数 $y=\arcsin u$，$u=3^v$，$v=\sqrt{x}$，则 y 表示为 x 的复合函数是________.

（2）函数 $y=\ln\tan x^2$ 是由函数________、________、________复合而成.

（3）若 $\lim\limits_{x\to 0}\frac{\sin kx}{2x}=5$，则 $k=$________.

（4）若 $\lim\limits_{x\to\infty}(1-\frac{k}{x})^{3x}=\mathrm{e}^6$，则 $k=$________.

（5）函数 $f(x)=\begin{cases}0 & x<0\\ 2x & 0\leqslant x<2\end{cases}$，则 $f(-1)=$________，$f(\frac{1}{4})=$________，

（6）若曲线 $y=f(x)$ 在点 (x_0,y_0) 处有平行于 x 轴的切线，则有 $f'(x_0)=$________.若有垂直于 x 轴的切线，则有 $f'(x_0)=$________.

（7）设质点运动方程为 $s=2t^2+t$，当 $t=1$ 时速度为________，加速度为________.

（8）设函数 $y=f(x)$ 是线性函数，已知 $f(0)=1$，$f(1)=-3$，则该函数的导数 $f'(x)=$________.

（9）半径为 R 的金属圆片，加热后半径伸长了 ΔR，则面积 S 的微分 $\mathrm{d}S=$________.

（10）设 $y=f(u)$，$u=\mathrm{e}^x$，且 $f(u)$ 可导，则 $\mathrm{d}y=$________.

（11）d________ $=\frac{1}{1+x}\mathrm{d}x$

（12）d________ $=\mathrm{e}^{-2x}\mathrm{d}x$

（13）d________ $=\sin\omega x\mathrm{d}x$

（14）d________ $=\sec^2 2x\mathrm{d}x$

（15）$\int f'(x)\mathrm{d}x=$________.

（16）设 $f(x)$ 是函数 $\cos x$ 的一个原函数，则 $\int f(x)\mathrm{d}x=$ ________.

（17）设 $f'(x)=3$，且 $f(0)=0$，则 $\int xf(x)\mathrm{d}x=$ ________.

（18）若 $\int f(x)\mathrm{d}x=F(x)+c$，则 $\int f(2x-3)\mathrm{d}x=$________.

（19）设 $f(x)=\mathrm{e}^{-x}$，则 $\int\frac{f'(\ln x)}{x}\mathrm{d}x=$________.

（20）若 $a<b<c$，则 $\int_a^b f(x)\mathrm{d}x=\int_a^c f(x)\mathrm{d}x+$________.

(21) $\dfrac{\mathrm{d}}{\mathrm{d}x}\int_0^{\frac{\pi}{2}}4\sin^4 x\mathrm{d}x=$__________.

(22) $\int_{-3}^{3}\dfrac{x}{2x^4+x^2+1}\mathrm{d}x=$ __________.

(23) 若 $a=$__________，$b=$__________，则有 $\int_0^1 \mathrm{e}^x f(\mathrm{e}^x)\mathrm{d}x=\int_a^b f(t)\mathrm{d}t$.

(24) 若广义积分 $\int_{-\infty}^{0}\dfrac{k}{1+x^2}\mathrm{d}x=\dfrac{1}{2}$，则常数 $k=$__________.

3. 指出下列复合函数的复合过程

(1) $y=\sqrt{1-x^2}$；(2) $y=\cos\dfrac{3}{2}x$；(3) $y=\ln\sin^2 x$；(4) $y=\tan^2(x+1)$.

4. 讨论下列函数在指定点的极限是否存在

(1) $y=2^{\frac{1}{x}}$，当 $x\to 0$ 时.

(2) $f(x)=\begin{cases}2x & x<1\\ 1+x^2 & x\geqslant 1\end{cases}$，当 $x\to 1$ 时.

5. 计算下列各极限

(1) $\lim\limits_{x\to 2}(-2)$

(2) $\lim\limits_{x\to -2}\dfrac{x+2}{x^2-1}$

(3) $\lim\limits_{x\to 4}\dfrac{x^2-16}{x-4}$

(4) $\lim\limits_{x\to 9}\dfrac{\sqrt{x}-3}{x-9}$

(5) $\lim\limits_{x\to 1}\dfrac{x^2-2x+1}{x^3-x}$

(6) $\lim\limits_{x\to 0}\dfrac{(x+h)^3-x^3}{h}$

(7) $\lim\limits_{x\to \infty}\dfrac{3x^3-2x+1}{8-x^3}$

(8) $\lim\limits_{n\to \infty}\dfrac{n^2(n+1)}{(n+2)(n+3)}$

(9) $\lim\limits_{x\to 0}\dfrac{3x+x^2-3x^3}{2x-4x^2+x^4}$

(10) $\lim\limits_{n\to \infty}(1+\dfrac{1}{2}+\dfrac{1}{4}+\cdots+\dfrac{1}{2^n})$

6. 计算下列各极限

(1) $\lim\limits_{x\to 0}\dfrac{\sin 3x}{\tan 2x}$

(2) $\lim\limits_{x\to 0}x\cot 2x$

(3) $\lim\limits_{x\to \infty}x\sin\dfrac{1}{3x}$

(4) $\lim\limits_{x\to 1}\dfrac{x^2-x}{\sin(x-1)}$

(5) $\lim\limits_{x\to 0}(1+2x)^{\frac{2}{x}}$

(6) $\lim\limits_{x\to \infty}(1-\dfrac{3}{x})^x$

(7) $\lim\limits_{x\to \infty}(\dfrac{2+x}{x})^{2x}$

(8) $\lim\limits_{x\to 0}(1+\tan x)^{\cot x}$

7. 求下列函数的导数

(1) $y=\pi^x+x^\pi+\cos\pi$

(2) $y=x^2(2+\sqrt{x})$

(3) $y=(1+x^2)\sin x$

(4) $y=\dfrac{x\sin x}{1+\cos x}$

8. 求下列函数在给定点处的导数

(1) $y=x^5+3\sin x$，求 $y'|_{x=0}$，$y'|_{x=\frac{\pi}{2}}$.

（2）$f(x)=\dfrac{3}{5-x}+\dfrac{x^2}{5}$，求 $f'(0)$，$f'(2)$.

（3）$\rho=\theta\sin\theta+\dfrac{1}{2}\cos\theta$，求 $\left.\dfrac{\mathrm{d}\rho}{\mathrm{d}\theta}\right|_{\theta=\frac{\pi}{4}}$.

（4）$f(t)=\dfrac{1-\sqrt{t}}{1+\sqrt{t}}$，求 $f'(4)$.

9. 在曲线 $y=2+x-x^2$ 上的哪些点的切线平行于 x 轴.

10. 求下列函数的导数

（1）$y=(2x+5)^4$　　（2）$y=\ln(1+x^2)$

（3）$y=\sqrt{a^2-x^2}$　　（4）$y=2^{\frac{x}{\ln x}}$

（5）$y=\mathrm{e}^{\arctan\sqrt{x}}$　　（6）$y=\ln\tan\dfrac{x}{2}$

11. 求下列隐函数的导数

（1）$y^2+2xy+a^2=0$　　（2）$y=1+x\mathrm{e}^y$

12. 求下列函数的高阶导数

（1）$y=x\mathrm{e}^x$，求 y''　　（2）$y=(1+x^2)\arctan x$，求 y''

（3）$y=\dfrac{1}{x}$ ，求 $y^{(n)}$

13. 求下列函数的微分

（1）$y=\dfrac{1}{x}+2\sqrt{x}$　　（2）$y=x\sin 2x$

（3）$y=\dfrac{1-\sin x}{1+\sin x}$　　（4）$y=\tan^2(1+x^2)$

14. 用洛必达法则求极限

（1）$\lim\limits_{x\to 0}\dfrac{\mathrm{e}^x-\mathrm{e}^{-x}}{\sin x}$　　（2）$\lim\limits_{x\to 1}\dfrac{x^3-3x^2+2}{x^3-x^2-x+1}$

（3）$\lim\limits_{x\to 0}\dfrac{\ln(1+x)}{x}$　　（4）$\lim\limits_{x\to+\infty}\dfrac{x^3}{\mathrm{e}^x}$

15. 计算下列不定积分

（1）$\int x\sqrt{x}\mathrm{d}x$　　（2）$\int a^x\mathrm{e}^x\mathrm{d}x$

（3）$\int\dfrac{\mathrm{d}h}{\sqrt{2gh}}$（$h$ 为常数）　　（4）$\int\left(\dfrac{3}{1+x^2}-\dfrac{2}{\sqrt{1-x^2}}\right)\mathrm{d}x$

（5）$\int\dfrac{x^2}{1+x^2}\mathrm{d}x$　　（6）$\int\dfrac{\cos 2x}{\cos^2 x\sin^2 x}\mathrm{d}x$

16. 一物体以速度 $v=3t^2+4t$（m/s）作直线运动，当 $t=2$ s 时，物体经过的路程 $s=16$ m，试求物体运动规律？

17. 计算下列不定积分

（1）$\int\sin\dfrac{t}{3}\mathrm{d}t$　　（2）$\int\dfrac{\mathrm{d}x}{1-2x}$

（3）$\int\frac{x}{\sqrt{x^2-2}}dx$ （4）$\int\frac{\sin x}{\cos^2 x}dx$

（5）$\int\frac{e^x dx}{\sqrt{1-e^{2x}}}$ （6）$\int\frac{2x-1}{1+x^2}dx$

（7）$\int\cos^3 x dx$ （8）$\int\cos^2(\omega t+\varphi)dx$

（9）$\int\frac{dx}{1+\sqrt{2x}}$ （10）$\int\frac{x^2}{\sqrt{9-x^2}}dx$

（11）$\int\frac{dx}{\sqrt{(x^2+1)^3}}$ （12）$\int\frac{\sqrt{x^2-9}}{x}dx$

18. 计算下列不定积分

（1）$\int x\sin x dx$ （2）$\int xe^{-x}dx$

（3）$\int\arcsin x dx$ （4）$\int x\ln x dx$

（5）$\int x^5\sin x^2 dx$ （6）$\int x\sin x\cos x dx$

19. 计算下列定积分

（1）$\int_1^2(x^2-\frac{1}{x^4})dx$ （2）$\int_0^1\frac{dx}{\sqrt{4-x^2}}$

（3）$\int_{-e-1}^{-2}\frac{dx}{1+x}$ （4）$\int_{-1}^2|x|dx$

（5）$\int_1^4\frac{dx}{1+\sqrt{x}}$ （6）$\int_1^{e^2}\frac{dx}{x\sqrt{1+\ln x}}$

（7）$\int_1^2\frac{e^{\frac{1}{x}}}{x^2}dx$ （8）$\int_0^1 xe^{-x}dx$

（9）$\int_0^{\frac{\pi}{2}}(x-x\sin x)dx$ （10）$\int_0^1 x\arctan x dx$

（11）$\int_{-\infty}^{+\infty}\frac{dx}{1+x^2}$ （12）$\int_e^{+\infty}\frac{dx}{x\ln x}$

20. 计算由下列各曲线围成图形的面积

（1）$y=\frac{1}{x}$与直线$y=x$及$x=2$.

（2）$y=x^2$与直线$y=2x+3$.

（3）$y=2x^2$与$y=x^2$.

（4）$y^2=2x$与直线$2x+y-2=0$.

21. 计算由下列曲线所围成的图形绕指定轴旋转所得旋转体的体积

（1）椭圆$\frac{x^2}{a^2}+\frac{y^2}{b^2}=1$；绕$x$轴.

（2）$y=x^3$，$x=1$，$y=0$；绕y轴.

22. 已知弹簧每拉长0.02m要用9.8N的力，求把弹簧拉长0.1m所做的功.

23. 有一矩形闸门，它的尺寸如下图，求当水面超过门顶1m时，闸门上所受的水压力.

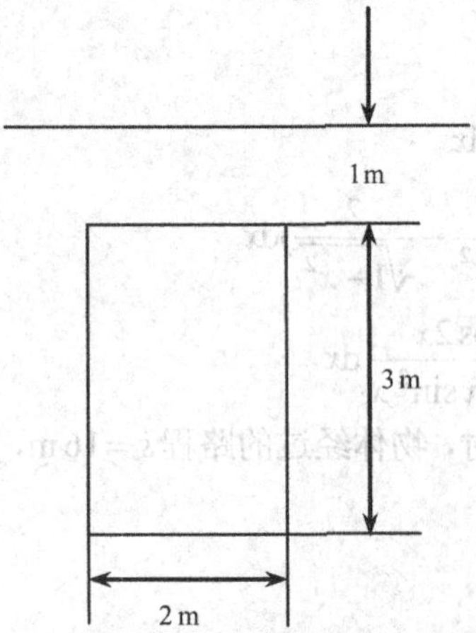

第2章
线性代数

在计算机科学及其他领域中，线性代数是必不可少的理论基础，它在研究变量之间的线性关系上有着重要的应用，而行列式和矩阵又是解决线性代数问题的基本工具.

2.1 行列式

2.1.1 二、三阶行列式

在中学数学里，我们已经学会了用消元法解二元一次和三元一次线性方程组. 对于二元一次方程组

$$\begin{cases} a_{11}x_1 + a_{12}x_2 = b_1 \\ a_{21}x_1 + a_{22}x_2 = b_2 \end{cases} \tag{2-1}$$

当 $a_{11}a_{22} - a_{12}a_{21} \neq 0$ 时，方程组（2-1）的解为

$$\begin{cases} x_1 = \dfrac{a_{22}b_1 - a_{12}b_2}{a_{11}a_{22} - a_{12}a_{21}} \\ x_2 = \dfrac{a_{11}b_2 - a_{21}b_1}{a_{11}a_{22} - a_{12}a_{21}} \end{cases} \tag{2-2}$$

仔细观察解的表达式的分母均由式（2-1）中未知数的系数构成，我们把这些系数按原来方程组中的位置写出，用记号

$$\begin{vmatrix} a_{11} & a_{12} \\ a_{21} & a_{22} \end{vmatrix}$$

表示 $a_{11}a_{22} - a_{12}a_{21}$，称为二阶行列式. 即

$$D = \begin{vmatrix} a_{11} & a_{12} \\ a_{21} & a_{22} \end{vmatrix} = a_{11}a_{22} - a_{12}a_{21} \tag{2-3}$$

式（2-3）的左端称为二阶行列式的展开式，$a_{ij}\ (i=1,2; j=1,2)$ 称为行列式的元素，其中 i 表示元素所在的行数，j 表示元素所在的列数. 行列式从左上角到右下角的对角线称为主对角线，从右上角到左下角的对角线称为次对角线. 二阶行列式展开式可叙述为：主对角线上的两个元素之积减去次对角线上的两个元素之积.

利用二阶行列式的概念，式（2-2）的分子可以分别记为

$$D_1=\begin{vmatrix} b_1 & a_{12} \\ b_2 & a_{22} \end{vmatrix},\quad D_2=\begin{vmatrix} a_{11} & b_1 \\ a_{21} & b_2 \end{vmatrix}$$

因此，当二元一次方程组（2-1）的系数行列式 $D\neq 0$ 时，它的求解公式为

$$x_1=\frac{D_1}{D},\quad x_2=\frac{D_2}{D}.$$

类似的，为了便于表示三元一次方程组

$$\begin{cases} a_{11}x_1+a_{12}x_2+a_{13}x_3=b_1 \\ a_{21}x_1+a_{22}x_2+a_{23}x_3=b_2 \\ a_{31}x_1+a_{32}x_2+a_{33}x_3=b_3 \end{cases} \tag{2-4}$$

的解，引进记号

$$D=\begin{vmatrix} a_{11} & a_{12} & a_{13} \\ a_{21} & a_{22} & a_{23} \\ a_{31} & a_{32} & a_{33} \end{vmatrix}$$

表示代数和 $a_{11}a_{22}a_{33}+a_{12}a_{23}a_{31}+a_{13}a_{21}a_{32}-a_{11}a_{23}a_{32}-a_{12}a_{21}a_{33}-a_{13}a_{22}a_{31}$，称为三阶行列式；同时令

$$D_1=\begin{vmatrix} b_1 & a_{12} & a_{13} \\ b_2 & a_{22} & a_{23} \\ b_3 & a_{32} & a_{33} \end{vmatrix},\quad D_2=\begin{vmatrix} a_{11} & b_1 & a_{13} \\ a_{21} & b_2 & a_{23} \\ a_{31} & b_3 & a_{33} \end{vmatrix},\quad D_3=\begin{vmatrix} a_{11} & a_{12} & b_1 \\ a_{21} & a_{22} & b_2 \\ a_{31} & a_{32} & b_3 \end{vmatrix}$$

那么，当系数行列式 $D\neq 0$ 时，方程组（2-4）的求解公式为

$$x_1=\frac{D_1}{D},\quad x_2=\frac{D_2}{D},\quad x_3=\frac{D_3}{D}. \tag{2-5}$$

三阶行列式的值即三阶行列式的展开式可按“对角线法则”求得（如图 2-1 所示）：主对角线上三个元素乘积取正号，次对角线上三个乘积取负号，然后取这六项之和.

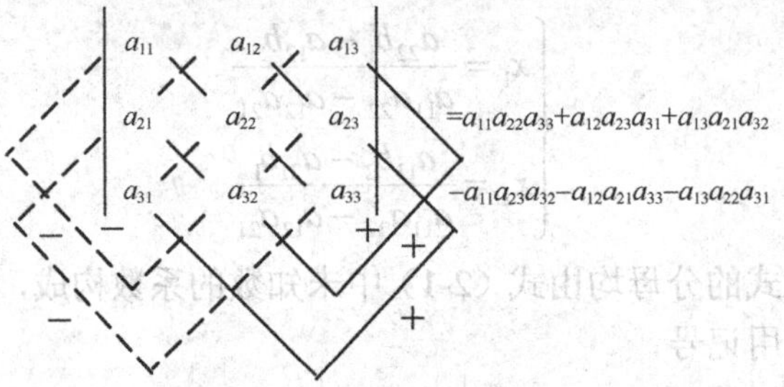

图 2-1

2.1.2 三阶行列式展开式的特点

① 共有3!项，正负各半；

② 每项有3个元素，分别取自不同的行和列.

例 2-1 计算下列行列式.

① $\begin{vmatrix} \sin\alpha & -\cos\alpha \\ \cos\alpha & \sin\alpha \end{vmatrix}$； ② $\begin{vmatrix} a & 0 & 0 \\ x & b & 0 \\ y & z & c \end{vmatrix}$.

解　① $\begin{vmatrix} \sin\alpha & -\cos\alpha \\ \cos\alpha & \sin\alpha \end{vmatrix} = \sin^2\alpha + \cos^2\alpha = 1$.

② $\begin{vmatrix} a & 0 & 0 \\ x & b & 0 \\ y & z & c \end{vmatrix} = abc + 0 + 0 - 0 - 0 - 0 = abc$.

主对角线一侧的元素都为零的行列式叫作三角行列式. 由例 2-1 中的②可知，三角行列式的值等于主对角线上的元素之积.

例 2-2　用行列式解线性方程组.

$$\begin{cases} 2x_1 - 3x_2 + x_3 = 0 \\ -3x_1 - 4x_2 - 2x_3 = 1 \\ 5x_1 + x_2 + 4x_3 = -3 \end{cases}$$

解　因为

$$D = \begin{vmatrix} 2 & -3 & 1 \\ -3 & 4 & -2 \\ 5 & 1 & 4 \end{vmatrix} = 7 \neq 0$$

而

$$D_1 = \begin{vmatrix} 0 & -3 & 1 \\ 1 & 4 & -2 \\ -3 & 1 & 4 \end{vmatrix} = 7,\quad D_2 = \begin{vmatrix} 2 & 0 & 1 \\ -3 & 1 & -2 \\ 5 & -3 & 4 \end{vmatrix} = 0,\quad D_3 = \begin{vmatrix} 2 & -3 & 0 \\ -3 & 4 & 1 \\ 5 & 1 & -3 \end{vmatrix} = -14$$

方程组的解为

$$x_1 = \frac{D_1}{D} = \frac{7}{7} = 1,\quad x_2 = \frac{D_2}{D} = \frac{0}{7} = 0,\quad x_3 = \frac{D_3}{D} = \frac{-14}{7} = -2.$$

为了简化行列式的计算，下面介绍三阶行列式的性质，这些性质都可以用对角线展开法来验证.

在介绍行列式性质之前先给出转置行列式的概念. 将一个行列式 D 的行与列依次互换所得的行列式叫作行列式 D 的转置行列式，记作 D' 即

$$D = \begin{vmatrix} a_{11} & a_{12} & a_{13} \\ a_{21} & a_{22} & a_{23} \\ a_{31} & a_{32} & a_{33} \end{vmatrix}$$

的转置行列式为

$$D' = \begin{vmatrix} a_{11} & a_{21} & a_{31} \\ a_{12} & a_{22} & a_{32} \\ a_{13} & a_{23} & a_{33} \end{vmatrix}$$

性质 2-1　行列式 D 与它的转置行列式 D' 的值相等.

这个性质说明，对于行列式行成立的性质，对于列也一定成立；反之也对.

性质 2-2　如果行列式的某一行（列）的元素都是二项式，则此行列式等于把这些二项式各取一项作成相应的行（列），而其余行（列）不变的两个行列式的和.

例如

$$D=\begin{vmatrix}a_{11}+b_{11} & a_{12}+b_{12} & a_{13}+b_{13}\\ a_{21} & a_{22} & a_{23}\\ a_{31} & a_{32} & a_{33}\end{vmatrix}=\begin{vmatrix}a_{11} & a_{12} & a_{13}\\ a_{21} & a_{22} & a_{23}\\ a_{31} & a_{32} & a_{33}\end{vmatrix}+\begin{vmatrix}b_{11} & b_{12} & b_{13}\\ a_{21} & a_{22} & a_{23}\\ a_{31} & a_{32} & a_{33}\end{vmatrix}$$

性质 2-3 如果行列式D的某一行（列）的每一个元素同乘以一个常数k，则此行列式的值等于kD.

也就是说，行列式中某一行（列）所有元素的公因子可以提到行列式记号的外面.

性质 2-4 如果把行列式的某两行（列）对调，所得行列式与原行列式的绝对值相等，符号相反.

推论 如果行列式的某两行（列）的对应元素相同，则此行列式的值等于零.

性质 2-5 如果行列式的某两行（列）的对应元素成比例，则此行列式的值等于零.

性质 2-6 行列式的某一行（列）的各元素加上另一行（列）对应元素的k倍，则行列式的值不变.

例如

$$\begin{vmatrix}a_{11} & a_{12} & a_{13}\\ a_{21} & a_{22} & a_{23}\\ a_{31} & a_{32} & a_{33}\end{vmatrix}=\begin{vmatrix}a_{11}+ka_{21} & a_{12}+ka_{22} & a_{13}+ka_{23}\\ a_{21} & a_{22} & a_{23}\\ a_{31} & a_{32} & a_{33}\end{vmatrix}$$

上式就是将第一行各元素加上第二行对应元素的k倍. 计算行列式时，可以通过适当选择k，利用性质 2-6 将行列式的某些元素变为零，从而使计算简化.

例 2-3 计算行列式

$$\begin{vmatrix}b & a & a\\ a & b & a\\ a & a & b\end{vmatrix}$$

解 这个行列式的特点是每一列上三个元素之和都等于$2a+b$，运用性质 2-6 将第二、第三行逐一加到第一行上去.

$$\begin{vmatrix}b & a & a\\ a & b & a\\ a & a & b\end{vmatrix}=\begin{vmatrix}b+2a & b+2a & b+2a\\ a & b & a\\ a & a & b\end{vmatrix}=(b+2a)\begin{vmatrix}1 & 1 & 1\\ a & b & a\\ a & a & b\end{vmatrix}$$

$$=(b+2a)\begin{vmatrix}1 & 1 & 1\\ 0 & b-a & 0\\ 0 & 0 & b-a\end{vmatrix}=(b+2a)(b-a)^2.$$

下面我们介绍余子式和代数余子式的概念.

定义 2-1 在三阶行列式

$$D=\begin{vmatrix}a_{11} & a_{12} & a_{13}\\ a_{21} & a_{22} & a_{23}\\ a_{31} & a_{32} & a_{33}\end{vmatrix}$$

中，划去a_{ij}所在的行和列的各元素，剩下的元素按原来的次序构成的一个二阶行列式，叫作元素a_{ij}的余子式，记D_{ij}. 例如在行列式D中，元素a_{21}的余子式

$$D_{21}=\begin{vmatrix}a_{12} & a_{13}\\ a_{32} & a_{33}\end{vmatrix}$$

定义 2-2 在元素 a_{ij} 的余子式前面，加上符号 $(-1)^{i+j}$ 后，叫做元素 a_{ij} 的代数余子式，记作 A_{ij}，即

$$A_{ij}=(-1)^{i+j}D_{ij}$$

例如 在行列式 D 中，元素 a_{21} 的代数余子式为

$$A_{21}=(-1)^{2+1}D_{21}=-\begin{vmatrix}a_{12} & a_{13}\\ a_{32} & a_{33}\end{vmatrix}$$

而 a_{33} 的代数余子式为

$$A_{33}=(-1)^{3+3}D_{33}=\begin{vmatrix}a_{12} & a_{12}\\ a_{21} & a_{22}\end{vmatrix}$$

性质 2-7 行列式等于它的任一行（列）的各元素与对应的代数余子式乘积之和.

例如前面的行列式 D 中，按第一行展开，有

$$D=a_{11}A_{11}+a_{12}A_{12}+a_{13}A_{13}$$

按第二列展开

$$D=a_{12}A_{12}+a_{22}A_{22}+a_{32}A_{32}$$

性质 2-7 叫作拉普拉斯（Lapace）定理，也叫做行列式按行（列）展开性质，利用此性质，可把一个三阶行列式化成三个二阶行列式来计算.

例 2-4 计算行列式

$$\begin{vmatrix}4 & -6 & 3\\ 5 & 2 & 7\\ 5 & -2 & 8\end{vmatrix}$$

解

$$\begin{vmatrix}4 & -6 & 3\\ 5 & 2 & 7\\ 5 & -2 & 8\end{vmatrix}=\begin{vmatrix}19 & 0 & 24\\ 5 & 2 & 7\\ 10 & 0 & 15\end{vmatrix}\overset{\text{按第二列展开}}{=\!=\!=\!=}2\times(-1)^{2+2}\begin{vmatrix}19 & 24\\ 10 & 15\end{vmatrix}$$

$$=2\times(285-240)=90.$$

由例 2-4 可知，计算行列式时，先利用性质 2-6 将某行（列）中除保留一个元素外，其余元素均化成零，然后用性质 2-7 按该行（列）展开较为简便.

2.1.3 *n* 阶行列式

定义 2-3 由 n^2 个元素 $a_{ij}\ (i,j=1,2,\cdots,n)$ 排成 n 行 n 列形如

$$D=\begin{vmatrix}a_{11} & a_{12} & \cdots & a_{1n}\\ a_{21} & a_{22} & \cdots & a_{2n}\\ \cdots & \cdots & \cdots & \cdots\\ a_{n1} & a_{n2} & \cdots & a_{nn}\end{vmatrix}$$

的算式，称为 n 阶行列式，其中 a_{ij} 称为 D 的第 i 行第 j 列的元素 $(i,j=1,2,\cdots,n)$.

在 n 阶行列式中，划去 a_{ij} 所在的行和列的元素，剩下的元素所构成的 $n-1$ 阶行列式叫作元素 a_{ij} 的余子式，记作 D_{ij}；把 $(-1)^{i+j}D_{ij}$ 叫作 a_{ij} 的代数余子式记作 A_{ij}，即

$$A_{ij}=(-1)^{i+j}D_{ij}$$

当$n=1$时，规定$D=|a_{11}|=a_{11}$称为一阶行列式；

当$n\geqslant 2$时，如果$n-1$阶行列式有定义，则有如下定理.

定理 2-1 n阶行列式D等于它的任意一行（列）的各元素与其对应的代数余子式乘积之和. 即

$$D=a_{i1}A_{i1}+a_{i2}A_{i2}+\cdots+a_{in}A_{in}\ (i=1,2,\cdots,n)$$

或

$$D=a_{1j}A_{1j}+a_{2j}A_{2j}+\cdots+a_{nj}A_{nj}\ (j=1,2,\cdots,n)$$

此定理通常称为行列式降阶展开定理.

计算三阶以上行列式，需要强调指出：

① 对角线法则不适于三阶以上行列式；

② 三阶行列式的性质对于三阶以上的行列式仍然成立.

例 2-5 计算行列式

① $\begin{vmatrix}1&2&3&4\\1&0&1&2\\3&-1&-1&0\\1&2&0&-5\end{vmatrix}$； ② $\begin{vmatrix}\frac{3}{2}&\frac{1}{2}&-\frac{1}{2}&0\\5&1&3&-1\\\frac{2}{3}&0&0&\frac{1}{3}\\0&-5&3&1\end{vmatrix}$.

解 ①

$$\begin{vmatrix}1&2&3&4\\1&0&1&2\\3&-1&-1&0\\1&2&0&-5\end{vmatrix}=\begin{vmatrix}7&0&1&4\\1&0&1&2\\3&-1&-1&0\\7&0&-2&5\end{vmatrix}\underline{\underline{\text{按第二列展开}}}(-1)\times(-1)^{3+2}\begin{vmatrix}7&1&4\\1&1&2\\7&-2&-5\end{vmatrix}$$

$$=\begin{vmatrix}6&0&2\\1&1&2\\9&0&-1\end{vmatrix}\underline{\underline{\text{按第二列展开}}}1\times(-1)^{2+2}\begin{vmatrix}6&2\\9&-1\end{vmatrix}=-6-18=-24.$$

②
$$\begin{vmatrix}\frac{3}{2}&\frac{1}{2}&-\frac{1}{2}&0\\5&1&3&-1\\\frac{2}{3}&0&0&\frac{1}{3}\\0&-5&3&1\end{vmatrix}=\frac{1}{2}\times\frac{1}{3}\begin{vmatrix}3&1&-1&0\\5&1&3&-1\\2&0&0&1\\0&-5&3&1\end{vmatrix}=\frac{1}{6}\begin{vmatrix}3&1&-1&0\\7&1&3&-1\\0&0&0&1\\-2&-5&3&1\end{vmatrix}$$

$$\underline{\underline{\text{按第三行展开}}}-\frac{1}{6}\begin{vmatrix}3&1&-1\\7&1&3\\-2&-5&3\end{vmatrix}=-\frac{1}{6}\begin{vmatrix}3&1&-1\\4&0&4\\13&0&-2\end{vmatrix}$$

$$\underline{\underline{\text{按第二列展开}}}-\frac{4}{6}\begin{vmatrix}1&1\\13&-2\end{vmatrix}=-\frac{2}{3}\times(-2-13)=10.$$

计算行列式的方法很多，在确定使用方法时应注意：

① 当行列式中的某行（列）很多元素为零时，不妨使用降阶展开定理计算；

② 在某行（列）消零过程中，要选择元素相对简单的行（列），最好用元素为 1（没有

可制造出）消去其他，尽可能避免不必要的分数运算；

③ 当行列式的某一行（列）有公因子时，适当地提取可减少其运算量.

2.1.4 克莱姆（Cramer）法则

定理 2-2 （克莱姆法则）如果n元线性方程组

$$\begin{cases} a_{11}x_1 + a_{12}x_2 + \cdots + a_{1n}x_n = b_1 \\ a_{21}x_1 + a_{22}x_2 + \cdots + a_{2n}x_n = b_2 \\ \cdots\cdots\cdots\cdots\cdots\cdots\cdots\cdots\cdots \\ a_{n1}x_1 + a_{n2}x_2 + \cdots + a_{nn}x_n = b_n \end{cases}$$

的系数行列式

$$D = \begin{vmatrix} a_{11} & a_{12} & \cdots & a_{1n} \\ a_{21} & a_{22} & \cdots & a_{2n} \\ \cdots & \cdots & \cdots & \cdots \\ a_{n1} & a_{n2} & \cdots & a_{nn} \end{vmatrix} \neq 0$$

则方程组有唯一解：

$$x_1 = \frac{D_1}{D},\quad x_2 = \frac{D_2}{D},\quad \cdots,\quad x_n = \frac{D_n}{D}.$$

这里D_j $(j=1,2,\cdots,n)$是方程组中的常数项$b_1,b_2,\cdots,b_n$代替D中第j列元素所得到的n阶行列式，即

$$D_j = \begin{vmatrix} a_{11} & a_{12} & \cdots & a_{1j-1} & b_1 & a_{1j+1} & \cdots & a_{1n} \\ a_{21} & a_{22} & \cdots & a_{2j-1} & b_2 & a_{2j+1} & \cdots & a_{2n} \\ \cdots & \cdots & \cdots & \cdots & \cdots & \cdots & \cdots & \cdots \\ a_{n1} & a_{n2} & \cdots & a_{nj-1} & b_n & a_{nj+1} & \cdots & a_{nn} \end{vmatrix}$$

应用克莱姆法则时，必须$D \neq 0$，当$D=0$时方程组解的问题在以后讨论.

例 2-6 解方程组

$$\begin{cases} x_1 + x_2 + x_3 + x_4 = 5 \\ x_1 + 2x_2 - x_3 + x_4 = -2 \\ 2x_1 + 3x_2 - x_3 - 5x_4 = -2 \\ 3x_1 + x_2 + 2x_3 + 3x_4 = 4 \end{cases}$$

解

$$D = \begin{vmatrix} 1 & 1 & 1 & 1 \\ 1 & 2 & -1 & 1 \\ 2 & 3 & -1 & -5 \\ 3 & 1 & 2 & 3 \end{vmatrix} = -35 \neq 0$$

根据克莱姆法则，此方程组有唯一解

$$D_1 = \begin{vmatrix} 5 & 1 & 1 & 1 \\ -2 & 2 & -1 & 1 \\ -2 & 3 & -1 & -5 \\ 4 & 1 & 2 & 3 \end{vmatrix} = 105 \qquad D_2 = \begin{vmatrix} 1 & 5 & 1 & 1 \\ 1 & -2 & -1 & 1 \\ 2 & -2 & -1 & -5 \\ 3 & 4 & 2 & 3 \end{vmatrix} = -105$$

$$D_3=\begin{vmatrix}1&1&5&1\\1&2&-2&1\\2&3&-2&-5\\3&1&4&3\end{vmatrix}=-175 \qquad D_4=\begin{vmatrix}1&1&1&5\\1&2&-1&-2\\2&3&-1&-2\\3&1&2&4\end{vmatrix}=0$$

所以方程组的解为

$$x_1=\frac{D_1}{D}=-3,\ x_2=\frac{D_2}{D}=3,\ x_3=\frac{D_3}{D}=5,\ x_4=\frac{D_4}{D}=0.$$

2.2 矩阵及其运算

2.2.1 矩阵的概念

2.2.1.1 矩阵的定义

在实际问题中，经常会遇到把一些数放在一起来研究的问题，看下面两个例子.

例 2-7 在物资调运中，经常要考虑如何供应销地，使物资的总费用最低. 如果某个地区的钢材有两个产地 x_1, x_2 有三个销地 y_1, y_2, y_3，可以用一个数表（表 2-1）来表示钢材的调运方案.

表 2-1 钢材调运方案

销地 / 产地	y_1	y_2	y_3
x_1	a_{11}	a_{12}	a_{13}
x_2	a_{21}	a_{22}	a_{23}

表 2-1 中数字 a_{ij} 表示由产地 x_i 运到产地 y_j 的钢材数量，去掉表头后，得到按一定次序排列的数表

$$\begin{pmatrix}a_{11}&a_{12}&a_{13}\\a_{21}&a_{22}&a_{23}\end{pmatrix}$$

它表示了该地区钢铁的调运规律.

在自然科学和生产实践中常常用到这种数表，有必要对其具有的运算关系及性质加以研究，为叙述方便，我们把这种数表叫作矩阵.

定义 2-4 由 $m\times n$ 个数 a_{ij} $(i=1,2,\cdots m; j=1,2,\cdots n)$ 排列成的 m 行 n 列的矩形数表

$$\begin{pmatrix}a_{11}&a_{12}&\cdots&a_{1n}\\a_{21}&a_{22}&\cdots&a_{2n}\\\cdots&\cdots&\cdots&\cdots\\a_{m1}&a_{m2}&\cdots&a_{mn}\end{pmatrix}$$

称为 m 行 n 列矩阵. a_{ij} 称为矩阵的第 i 行第 j 列元素.

矩阵通常用大写字母 $\boldsymbol{A},\boldsymbol{B},\boldsymbol{C},\cdots$ 表示，为了标明矩阵的行数 m 和列数 n，可记作 $\boldsymbol{A}_{m\times n}$ 或 $(a_{ij})_{m\times n}$.

2.2.1.2 几种特殊矩阵

为了进一步展开对矩阵的讨论，介绍几种常用的特殊形式矩阵.

（1）零矩阵

所有元素均为零的矩阵，叫作零矩阵，记作$\mathbf{0}_{m\times n}$或$\mathbf{0}$. 例如

$$\mathbf{0}_{2\times 4}=\begin{pmatrix}0&0&0&0\\0&0&0&0\end{pmatrix}$$

（2）列矩阵

只有一列的矩阵. 此时$n=1$.

$$\boldsymbol{A}_{m\times 1}=\begin{pmatrix}a_{11}\\a_{21}\\\vdots\\a_{m1}\end{pmatrix}$$

（3）行矩阵

只有一行的矩阵. 此时$m=1$

$$\boldsymbol{A}_{1\times n}=\begin{pmatrix}a_{11}&a_{12}&\cdots&a_{1n}\end{pmatrix}$$

（4）转置矩阵

把矩阵$\boldsymbol{A}$所有的行换成相应的列后得到的矩阵，叫作矩阵$\boldsymbol{A}$的转置矩阵，记作$\boldsymbol{A}'$. 即若$\boldsymbol{A}=(a_{ij})_{m\times n}$，则$\boldsymbol{A}'=(a_{ji})_{n\times m}$.

例如若$\boldsymbol{A}=\begin{pmatrix}1&4\\-2&0\\3&7\end{pmatrix}$，则$\boldsymbol{A}'=\begin{pmatrix}1&-2&3\\4&0&7\end{pmatrix}$.

（5）n阶方阵

当矩阵的行数与列数均为n时，叫作n阶方阵. n阶方阵中从左上角到右下角的对角线叫作主对角线，另一条对角线叫作次对角线.

通常把方阵$\boldsymbol{A}$的元素按原来的位置构成的行列式叫作矩阵$\boldsymbol{A}$的行列式，记$|\boldsymbol{A}|$.

例如，矩阵

$$\boldsymbol{A}=\begin{pmatrix}1&0&2\\3&2&1\\-5&6&7\end{pmatrix}$$

的行列式是

$$|\boldsymbol{A}|=\begin{vmatrix}1&0&2\\3&2&1\\-5&6&7\end{vmatrix}$$

显然，只有方阵才有对应的行列式. 对于n阶方阵还有以下几种特殊形式.

① 对称矩阵. 关于主对角线对称的元素对应相等（即$a_{ij}=a_{ji},i,j=1,2,\cdots,n$）的方阵叫做对称矩阵. 例如

$$\boldsymbol{A}=\begin{pmatrix}3&-6&-9\\-6&2&5\\-9&5&1\end{pmatrix}$$

是对称矩阵. 显然任何一个对称矩阵$\boldsymbol{A}$有$\boldsymbol{A}=\boldsymbol{A}'$.

② 对角矩阵. 除主对角线上的元素外，其余元素均为零的方阵，叫作对角矩阵.

③ 单位矩阵. 主对角线上的元素都为 1 的对角矩阵，叫作单位矩阵. 记 $\boldsymbol{I}$ 或 $\boldsymbol{I}_n$

④ 三角矩阵. 主对角一侧所有元素均为零的矩阵，叫作三角矩阵. 分为上三角矩阵和下三角矩阵. 例如

$$\boldsymbol{I}_{上}=\begin{pmatrix} a_{11} & a_{12} & \cdots & a_{1n} \\ 0 & a_{22} & \cdots & a_{2n} \\ \cdots & \cdots & \cdots & \cdots \\ 0 & 0 & \cdots & a_{nn} \end{pmatrix} \qquad \boldsymbol{I}_{下}=\begin{pmatrix} a_{11} & 0 & \cdots & 0 \\ a_{21} & a_{22} & \cdots & 0 \\ \cdots & \cdots & \cdots & \cdots \\ a_{n1} & a_{n2} & \cdots & a_{nn} \end{pmatrix}.$$

2.2.1.3 矩阵的相等

定义 2-5 如果两个 m 行 n 列的矩阵 $\boldsymbol{A}=(a_{ij})_{m\times n}$ 和 $\boldsymbol{B}=(b_{ij})_{m\times n}$ 的对应元素都分别相等，即 $a_{ij}=b_{ij}(i=1,2,\cdots,m; j=1,2,\cdots,n)$，那么就称这两个矩阵相等.

例 2-8 已知

$$\boldsymbol{A}=\begin{pmatrix} a+b & 3 \\ 3 & a-b \end{pmatrix},\ \boldsymbol{B}=\begin{pmatrix} 7 & 2c+d \\ c-d & 3 \end{pmatrix}$$

而且 $\boldsymbol{A}=\boldsymbol{B}$，求 a,b,c,d.

解 根据矩阵相等的定义，可知方程组

$$\begin{cases} a+b=7 \\ a-b=3 \end{cases} \qquad \begin{cases} 2c+d=3 \\ c-d=3 \end{cases}$$

解得 $a=5,b=2,c=2,d=-1$

即当 $a=5,b=2,c=2,d=-1$ 时，有 $\boldsymbol{A}=\boldsymbol{B}$.

应当注意的是，矩阵与行列式是两个不同的概念：行列式是一个算式，计算结果是一个数值，而矩阵是一个数表；两个行列式相等是指行列式的值相等，而矩阵相等必须是同行同列且对应元素相等才行.

2.2.2 矩阵的运算

2.2.2.1 矩阵的加法和减法

定义 2-6 两个 m 行 n 列矩阵 $\boldsymbol{A}=(a_{ij})$ 与 $\boldsymbol{B}=(b_{ij})$ 相加（减），它们的和（差）为

$$\boldsymbol{A}\pm\boldsymbol{B}=(a_{ij}+b_{ij})$$

显然，两个矩阵只有当它们的行数和列数分别相等时，才能进行加、减运算；矩阵的加、减运算归结为对应元素的加减运算.

例 2-9 已知

$$\boldsymbol{A}=\begin{pmatrix} 5 & 6 & -7 \\ 4 & 3 & 1 \end{pmatrix},\ \boldsymbol{B}=\begin{pmatrix} 6 & 8 & -4 \\ 9 & -1 & 3 \end{pmatrix}$$

求，（1）$\boldsymbol{A}+\boldsymbol{B}$，（2）$\boldsymbol{A}-\boldsymbol{B}$.

解 （1）$\boldsymbol{A}+\boldsymbol{B}=\begin{pmatrix} 5 & 6 & -7 \\ 4 & 3 & 1 \end{pmatrix}+\begin{pmatrix} 6 & 8 & -4 \\ 9 & -1 & 3 \end{pmatrix}=\begin{pmatrix} 5+6 & 6+8 & -7-4 \\ 4+9 & 3-1 & 1+3 \end{pmatrix}$

$$=\begin{pmatrix} 11 & 14 & -11 \\ 13 & 2 & 4 \end{pmatrix}.$$

（2）$$A-B=\begin{pmatrix}5&6&-7\\4&3&1\end{pmatrix}-\begin{pmatrix}6&8&-4\\9&-1&3\end{pmatrix}=\begin{pmatrix}5-6&6-8&-7+4\\4-9&3+1&1-3\end{pmatrix}$$

$$=\begin{pmatrix}-1&-2&-3\\-5&4&-2\end{pmatrix}$$

容易验证，矩阵加法满足以下规律.

① 交换律 $A+B=B+A$

② 结合律 $(A+B)+C=A+(B+C)$

2.2.2.2 数与矩阵相乘

定义 2-7 一个数 k 与矩阵 $A=(a_{ij})_{m\times n}$ 相乘，它们的乘积为

$$kA=(ka_{ij})_{m\times n}.$$

容易验证，数乘矩阵满足以下规律.

① 交换律 $kA=Ak$

② 分配律 $k(A+B)=kA+kB$

$(k+l)A=kA+lA$

③ 结合律 $k(lA)=(kl)A$

其中，A,B 都是 $m\times n$ 矩阵，k,l 为任意数.

例 2-10 已知

$$A=\begin{pmatrix}3&1&2\\3&2&1\end{pmatrix},\quad B=\begin{pmatrix}0&-1&2\\3&2&-1\end{pmatrix}$$

求：$3A-2B$.

解 $$3A-2B=3\begin{pmatrix}3&1&2\\3&2&1\end{pmatrix}-2\begin{pmatrix}0&-1&2\\3&2&-1\end{pmatrix}=\begin{pmatrix}9&3&6\\9&6&3\end{pmatrix}-\begin{pmatrix}0&-2&4\\6&4&-2\end{pmatrix}$$

$$=\begin{pmatrix}9&5&2\\3&2&5\end{pmatrix}.$$

2.2.2.3 矩阵与矩阵相乘

矩阵的各种运算，都是从实际问题中抽象出来的.

引例：某学校明后两年计划建筑教学楼与宿舍楼，建筑面积及材料耗用量列表如表 2-2～表 2-4 所示.

表 2-2 每 $100m^2$ 建筑面积

项目	教学楼	宿舍楼
明年	20	10
后年	30	20

表 2-3 材料（每 $100m^2$ 建筑面积）的年平均耗用量

项目	钢材/t	水泥/t	木材/m^3
教学楼	2	18	4
宿舍楼	1.5	15	5

因此，明后两年三种建筑材料的耗用量表 2-4 中所列.

表 2-4 明后两年三种建筑材料耗用量

项目	钢材/t	水泥/t	木材/m^3
明年	$20\times2+10\times1.5=55$	$20\times18+10\times15=510$	$20\times4+10\times5=130$
后年	$30\times2+20\times1.5=90$	$30\times18+20\times15=840$	$30\times4+20\times5=220$

上述三个数表，用矩阵表示为

$$\boldsymbol{A}=\begin{pmatrix}20 & 10\\30 & 20\end{pmatrix},\quad \boldsymbol{B}=\begin{pmatrix}2 & 18 & 4\\1.5 & 15 & 5\end{pmatrix}$$

$$\boldsymbol{C}=\begin{pmatrix}20\times2+10\times1.5 & 20\times18+10\times15 & 20\times4+10\times5\\30\times2+20\times1.5 & 30\times18+20\times15 & 30\times4+20\times5\end{pmatrix}$$

可以看出，矩阵 $\boldsymbol{C}$ 的元素是由矩阵 $\boldsymbol{A}$ 与 $\boldsymbol{B}$ 的元素经过适当运算而得到的. 例如 c_{11} 是 $\boldsymbol{A}$ 的第一行元素与 $\boldsymbol{B}$ 的第一列对应元素的乘积之和； c_{21} 是 $\boldsymbol{A}$ 的第二行元素与 $\boldsymbol{B}$ 的第一列对应元素的乘积之和，…. 对于这样的矩阵 $\boldsymbol{C}$ ，给出如下定义.

定义 2-8 设矩阵 $\boldsymbol{A}=(a_{ik})_{m\times s}$ ， $\boldsymbol{B}=(b_{kj})_{s\times n}$ ，规定矩阵 $\boldsymbol{A}$ 与 $\boldsymbol{B}$ 的乘积为 $\boldsymbol{C}=(c_{ij})_{m\times n}$ ，其中 c_{ij} 是矩阵 $\boldsymbol{A}$ 的第 i 行所有元素与矩阵 $\boldsymbol{B}$ 第 j 列各对应元素的乘积之和. 即

$$c_{ij}=\sum_{k=1}^{s}a_{ik}b_{kj}(i=1,2,\cdots,m;j=1,2,\cdots,n)$$

矩阵 $\boldsymbol{A}$ 与矩阵 $\boldsymbol{B}$ 之积记为 $\boldsymbol{AB}$ ，即

$$\boldsymbol{C}=\boldsymbol{AB}$$

通过上述定义可以看出，矩阵相乘是有条件的：只有当矩阵 $\boldsymbol{A}$ （左矩阵）的列数等于矩阵 $\boldsymbol{B}$ （右矩阵）的行数时，$\boldsymbol{A}$ 才能与 $\boldsymbol{B}$ 相乘，有 $\boldsymbol{C}=\boldsymbol{AB}$. 矩阵 $\boldsymbol{C}$ 的行数等于 $\boldsymbol{A}$ 的行数，列数等于 $\boldsymbol{B}$ 的列数.

例 2-11 已知

$$\boldsymbol{A}=\begin{pmatrix}3 & 2 & -1\\2 & -3 & 5\end{pmatrix},\quad \boldsymbol{B}=\begin{pmatrix}1 & 3\\-5 & 4\\3 & 6\end{pmatrix}$$

求 $\boldsymbol{AB}$ 和 $\boldsymbol{BA}$.

解

$$\boldsymbol{AB}=\begin{pmatrix}3 & 2 & -1\\2 & -3 & 5\end{pmatrix}\begin{pmatrix}1 & 3\\-5 & 4\\3 & 6\end{pmatrix}=\begin{pmatrix}3\times1+2\times(-5)+(-1)\times3 & 3\times3+2\times4+(-1)\times6\\2\times1+(-3)\times(-5)+5\times3 & 2\times3+(-3)\times4+5\times6\end{pmatrix}$$

$$=\begin{pmatrix}-10 & 11\\32 & 24\end{pmatrix}.$$

$$\boldsymbol{BA}=\begin{pmatrix}1 & 3\\-5 & 4\\3 & 6\end{pmatrix}\begin{pmatrix}3 & 2 & -1\\2 & -3 & 5\end{pmatrix}=\begin{pmatrix}1\times3+3\times2 & 1\times2+3\times(-3) & 1\times(-1)+3\times5\\(-5)\times3+4\times2 & (-5)\times2+4\times(-3) & (-5)\times(-1)+4\times5\\3\times3+6\times2 & 3\times2+6\times(-3) & 3\times(-1)+6\times5\end{pmatrix}$$

$$=\begin{pmatrix}9 & -7 & 14\\-7 & -22 & 25\\21 & -12 & 27\end{pmatrix}.$$

显然 $AB \neq BA$. 一般地说，矩阵乘法不满足交换律. 而且 AB 有意义时，BA 也不一定有意义.

例 2-12　已知

$$A=\begin{pmatrix}1 & 1\\0 & 1\end{pmatrix},\quad B=\begin{pmatrix}1 & 2\\0 & 1\end{pmatrix}$$

求 AB 及 BA.

解

$$AB=\begin{pmatrix}1 & 1\\0 & 1\end{pmatrix}\begin{pmatrix}1 & 2\\0 & 1\end{pmatrix}=\begin{pmatrix}1 & 3\\0 & 1\end{pmatrix}$$

$$BA=\begin{pmatrix}1 & 2\\0 & 1\end{pmatrix}\begin{pmatrix}1 & 1\\0 & 1\end{pmatrix}=\begin{pmatrix}1 & 3\\0 & 1\end{pmatrix}$$

这里 $AB = BA$.

如果两矩阵相乘，有 $AB = BA$.，则称矩阵 A 与 B 是可交换的.

一般地，若 A 是方阵，则将乘积 AA 记为 A^2，k 个方阵 A 相乘记为 A^k.

例 2-13　已知 $A=\begin{pmatrix}1 & \sqrt{3}\\-\sqrt{3} & 1\end{pmatrix}$，求 A^3.

解　$$A^2=\begin{pmatrix}1 & \sqrt{3}\\-\sqrt{3} & 1\end{pmatrix}\begin{pmatrix}1 & \sqrt{3}\\-\sqrt{3} & 1\end{pmatrix}=\begin{pmatrix}-2 & 2\sqrt{3}\\-2\sqrt{3} & -2\end{pmatrix}$$

$$A^3=A^2\cdot A=\begin{pmatrix}-2 & 2\sqrt{3}\\-2\sqrt{3} & -2\end{pmatrix}\begin{pmatrix}1 & \sqrt{3}\\-\sqrt{3} & 1\end{pmatrix}=\begin{pmatrix}-8 & 0\\0 & -8\end{pmatrix}$$

可以证明矩阵乘法满足以下规律.

① 结合律：$(AB)C = A(BC)$

$k(AB) = A(kB)$　　（k 为常数）

② 分配律：$A(B+C) = AB + AC$

矩阵乘法与数的乘法还有如下差别.

① 两个元素不全为零的矩阵，其乘积可能为零矩阵.

例如

$$A=\begin{pmatrix}2 & -1\\-6 & 3\end{pmatrix},\quad B=\begin{pmatrix}1 & -2\\2 & -4\end{pmatrix}$$

则

$$AB=\begin{pmatrix}2 & -1\\-6 & 3\end{pmatrix}\begin{pmatrix}1 & -2\\2 & -4\end{pmatrix}=\begin{pmatrix}0 & 0\\0 & 0\end{pmatrix}=\mathbf{0}_{2\times 2}$$

② 若 $AB = AC$，一般地不能由此得出 $B = C$.

例如

$$A=\begin{pmatrix}2 & -1\\-6 & 3\end{pmatrix},\quad B=\begin{pmatrix}3 & 1 & -2\\4 & 1 & -3\end{pmatrix},\quad C=\begin{pmatrix}0 & 4 & 0\\-2 & 7 & 1\end{pmatrix}$$

则

$$AB=\begin{pmatrix}2&-1\\-6&3\end{pmatrix}\begin{pmatrix}3&1&-2\\4&1&-3\end{pmatrix}=\begin{pmatrix}2&1&-1\\-6&-3&3\end{pmatrix}$$

$$AC=\begin{pmatrix}2&-1\\-6&3\end{pmatrix}\begin{pmatrix}0&4&0\\-2&7&1\end{pmatrix}=\begin{pmatrix}2&1&-1\\-6&-3&3\end{pmatrix}$$

即 $AB=AC$，但 $B\neq C$.

2.2.3 逆矩阵

对于代数方程 $ax=b(a\neq 0)$，可以在方程两边同时乘以 a^{-1} 得到解 $x=a^{-1}b$. 那么对于矩阵方程 $AX=B$ 的解是否也可以写成

$$X=A^{-1}B$$

如果可以，A^{-1} 的含义是什么?

2.2.3.1 逆矩阵的定义

定义 2-9 对于一个 n 阶方阵 A，如果存在一个 n 阶方阵 C，使得 $AC=CA=I_n$，那么矩阵 C 称为矩阵 A 的逆矩阵，记作 A^{-1}，即

$$AA^{-1}=A^{-1}A=I$$

如果矩阵 A 存在逆矩阵，则称矩阵 A 是可逆的.

可以证明逆矩阵的如下性质.

① 若 A 是可逆的，则其逆矩阵是唯一的.

② A 的逆阵的逆阵仍为 A，即 $(A^{-1})^{-1}=A$.

③ 若 A,B 都是 n 阶可逆矩阵，则 AB 也可逆，且 $(AB)^{-1}=B^{-1}A^{-1}$.

④ 可逆矩阵 A 的转置 A' 是可逆矩阵，且 $(A')^{-1}=(A^{-1})'$.

2.2.3.2 逆矩阵的求法

定理 2-3 对于 n 阶方阵 A，当 $|A|\neq 0$ 时，矩阵 A 的逆矩阵唯一存在，且

$$A^{-1}=\frac{1}{|A|}A^*$$

其中

$$A^*=\begin{pmatrix}A_{11}&A_{11}&\cdots&A_{n1}\\A_{12}&A_{22}&\cdots&A_{2n}\\\cdots&\cdots&\cdots&\cdots\\A_{1n}&A_{2n}&\cdots&A_{nn}\end{pmatrix}$$

称为 A 的伴随矩阵，其中 A_{ij} 为 $|A|$ 中 a_{ij} 的代数余子式. 即

$$A_{ij}=(-1)^{i+j}D_{ij}(i=1,2,\cdots,n;j=1,2,\cdots,n)$$

例 2-14 已知矩阵 $A=\begin{pmatrix}2&2&3\\-1&-1&0\\-1&2&1\end{pmatrix}$，判断 A 是否可逆，如果可逆，求 A^{-1}.

解 因为

$$|A|=\begin{vmatrix}2&2&3\\-1&-1&0\\-1&2&1\end{vmatrix}=-1\neq 0$$

所以 $\boldsymbol{A}$ 可逆，又

$$A_{11}=-1,\quad A_{12}=-1,\quad A_{13}=1,\quad A_{21}=4,\quad A_{22}=5,\quad A_{23}=-6$$

$$A_{31}=3,\quad A_{32}=3,\quad A_{33}=-4$$

于是

$$\boldsymbol{A}^*=\begin{pmatrix}-1 & 4 & 3\\ -1 & 5 & 3\\ 1 & -6 & -4\end{pmatrix}$$

因此

$$\boldsymbol{A}^{-1}=\frac{1}{|\boldsymbol{A}|}\boldsymbol{A}^*=-\begin{pmatrix}-1 & 4 & 3\\ -1 & 5 & 3\\ 1 & -6 & -4\end{pmatrix}=\begin{pmatrix}1 & -4 & -3\\ 1 & -5 & -3\\ -1 & 6 & 4\end{pmatrix}$$

2.2.3.3　用逆矩阵解线性方程组

对于线性方程组

$$\begin{cases}a_{11}x_1+a_{12}x_2+\cdots+a_{1n}x_n=b_1\\ a_{21}x_1+a_{22}x_2+\cdots+a_{2n}x_n=b_2\\ \cdots\cdots\cdots\cdots\cdots\cdots\cdots\cdots\\ a_{m1}x_1+a_{m2}x_2+\cdots+a_{mn}x_n=b_m\end{cases}$$

设

$$\boldsymbol{A}=\begin{pmatrix}a_{11} & a_{12} & \cdots & a_{1n}\\ a_{21} & a_{22} & \cdots & a_{2n}\\ \cdots & \cdots & \cdots & \cdots\\ a_{m1} & a_{m2} & \cdots & a_{mn}\end{pmatrix},\quad \boldsymbol{X}=\begin{pmatrix}x_1\\ x_2\\ \vdots\\ x_n\end{pmatrix},\quad \boldsymbol{B}=\begin{pmatrix}b_1\\ b_2\\ \vdots\\ b_n\end{pmatrix}$$

根据矩阵乘法和矩阵相等的定义有

$$\boldsymbol{AX}=\boldsymbol{B}$$

左乘 $\boldsymbol{A}^{-1}$

$$\boldsymbol{A}^{-1}\boldsymbol{AX}=\boldsymbol{A}^{-1}\boldsymbol{B}$$

$$\boldsymbol{X}=\boldsymbol{A}^{-1}\boldsymbol{B}$$

可见，一个线性方程组，只要它的系数矩阵可逆，就可以用逆矩阵来求它的解.

例 2-15　用逆矩阵解线性方程组

$$\begin{cases}2x_1+2x_2+3x_3=2\\ x_1-x_2=2\\ -x_1+2x_2+x_3=4\end{cases}$$

解　方程组的矩阵形式是

$$\begin{pmatrix}2 & 2 & 3\\ 1 & -1 & 0\\ -1 & 2 & 1\end{pmatrix}\begin{pmatrix}x_1\\ x_2\\ x_3\end{pmatrix}=\begin{pmatrix}2\\ 2\\ 4\end{pmatrix}$$

由例 2-14 知系数矩阵的逆矩阵存在，因而有

$$\begin{pmatrix}x_1\\ x_2\\ x_3\end{pmatrix}=\begin{pmatrix}2 & 2 & 3\\ 1 & -1 & 0\\ -1 & 2 & 1\end{pmatrix}^{-1}\begin{pmatrix}2\\ 2\\ 4\end{pmatrix}=\begin{pmatrix}1 & -4 & -3\\ 1 & -5 & -3\\ -1 & 6 & 4\end{pmatrix}\begin{pmatrix}2\\ 2\\ 4\end{pmatrix}=\begin{pmatrix}-18\\ -20\\ 26\end{pmatrix}$$

根据矩阵相等的定义

$$x_1=-18,\quad x_2=-20,\quad x_3=26.$$

2.2.4 矩阵的秩

同行列式的情形一样，在 $m\times n$ 矩阵 $\boldsymbol{A}$ 中任取 k 行和 k 列，那么位于这些行与列相交位置上的元素构成的一个 k 阶行列式称为矩阵 $\boldsymbol{A}$ 的 k 阶子式（简称子式）. 例如，矩阵

$$\boldsymbol{A}=\begin{pmatrix}1&2&-1&2\\2&-1&3&4\\4&3&1&3\end{pmatrix}$$

中位于第一行，第二行与第二列，第四列相交位置上的元素构成的二阶子式是

$$\begin{vmatrix}2&2\\-1&4\end{vmatrix}$$

定义 2-10 矩阵 $\boldsymbol{A}$ 中不为零的子式的最高阶数 r 称为这个矩阵的秩，记为 $R(\boldsymbol{A})=r$.

根据定义可知，如果矩阵 $\boldsymbol{A}$ 中存在一个 r 阶不为零的子式，而所有阶数超过 r 的子式均为零，那么矩阵 $\boldsymbol{A}$ 的秩就是 r.

求一个矩阵的秩时，对于一个非零矩阵，一般说可以从二阶子式算起. 若它的所有二阶子式为零，则矩阵的秩为 1；若找到一个不为零的二阶子式，就继续计算它的三阶子式，若所有的三阶子式都为零，则矩阵的秩为 2；若找到一个不为零的三阶子式，就继续计算它的四阶子式，……直到求出矩阵的秩为止.

例 2-16 求矩阵

$$\boldsymbol{A}=\begin{pmatrix}1&2&2&11\\1&-3&-3&-14\\3&1&1&8\end{pmatrix}$$

的秩.

解 计算它的二阶子式

$$\begin{vmatrix}1&2\\1&-3\end{vmatrix}=-5\neq 0$$

所以继续计算它的三阶子式，因为它的四个三阶子式均为零. 即

$$\begin{vmatrix}1&2&2\\1&-3&-3\\3&1&1\end{vmatrix}=0,\quad \begin{vmatrix}1&2&11\\1&-3&-14\\3&1&8\end{vmatrix}=0$$

$$\begin{vmatrix}1&2&11\\1&-3&-14\\3&1&8\end{vmatrix}=0,\quad \begin{vmatrix}2&2&11\\-3&-3&-14\\1&1&8\end{vmatrix}=0$$

所以矩阵 $\boldsymbol{A}$ 的秩

$$R(\boldsymbol{A})=2.$$

2.2.5 分块矩阵

在矩阵运算中，有时需要将一个矩阵分成若干个“子块”，即把大矩阵看成是由一些小

矩阵组成，这样会使复杂的矩阵运算得以简化.

所谓“分块矩阵”就是用横线与竖线将一个矩阵分成若干子块.

例如

$$A=\left(\begin{array}{ccc|c}1 & 3 & -1 & 0\\ 2 & 5 & 1 & -2\\ \hline 1 & 3 & 0 & 5\end{array}\right)$$

若令

$$A_{11}=\begin{pmatrix}1 & 3 & -1\\ 2 & 5 & 1\end{pmatrix},\quad A_{12}=\begin{pmatrix}0\\ -2\end{pmatrix},\quad A_{21}=\begin{pmatrix}1 & 3 & 0\end{pmatrix},\quad A_{22}=\begin{pmatrix}5\end{pmatrix}$$

则

$$A=\begin{pmatrix}A_{11} & A_{12}\\ A_{21} & A_{22}\end{pmatrix}$$

是一个分成了 4 块的分块矩阵.

给了一个矩阵，可以根据需要把它写成不同的分块矩阵. 分块矩阵运算时，把子块当作元素来看待，直接运用矩阵运算的有关法则，但应注意下列几个问题.

① 用分块矩阵作矩阵加（减）运算时，必须使对应的子块具有相同的行和列，即两个矩阵的分块方式应完全相同.

② 数 k 与分块矩阵相乘时，数 k 应与每一子块相乘.

③ 利用分块矩阵计算矩阵 $A_{m\times s}$ 与 $B_{s\times n}$ 的乘积，应使 A 的列分法与 B 的行分法相同. 同时还要使对应的子块满足矩阵的乘法法则.

例 2-17　设矩阵

$$A=\begin{pmatrix}1 & 0 & 1 & 3\\ 0 & 1 & 2 & 4\\ 0 & 0 & -1 & 0\\ 0 & 0 & 0 & -1\end{pmatrix},\quad B=\begin{pmatrix}1 & 2 & 0 & 0\\ 2 & 0 & 0 & 0\\ 6 & 3 & 1 & 0\\ 0 & -2 & 0 & 1\end{pmatrix}$$

求 $A+B$，kA 及 AB

解　将矩阵 A,B 分块如下.

$$A=\left(\begin{array}{cc|cc}1 & 0 & 1 & 3\\ 0 & 1 & 2 & 4\\ \hline 0 & 0 & -1 & 0\\ 0 & 0 & 0 & -1\end{array}\right)=\begin{pmatrix}I & C\\ 0 & -I\end{pmatrix}$$

$$B=\left(\begin{array}{cc|cc}1 & 2 & 0 & 0\\ 2 & 0 & 0 & 0\\ \hline 6 & 3 & 1 & 0\\ 0 & -2 & 0 & 1\end{array}\right)=\begin{pmatrix}D & 0\\ F & I\end{pmatrix}$$

则

$$A+B=\begin{pmatrix}I & C\\ 0 & -I\end{pmatrix}+\begin{pmatrix}D & 0\\ F & I\end{pmatrix}=\begin{pmatrix}I+D & C\\ F & 0\end{pmatrix};$$

$$kA=k\begin{pmatrix}I & C\\ 0 & -I\end{pmatrix}=\begin{pmatrix}kI & kC\\ 0 & -kI\end{pmatrix};$$

$$AB=\begin{pmatrix} I & C \\ 0 & -I \end{pmatrix}\begin{pmatrix} D & 0 \\ F & I \end{pmatrix}=\begin{pmatrix} D+CF & C \\ -F & -I \end{pmatrix}.$$

而

$$kI=k\begin{pmatrix} 1 & 0 \\ 0 & 1 \end{pmatrix}=\begin{pmatrix} k & 0 \\ 0 & k \end{pmatrix},\quad kC=k\begin{pmatrix} 1 & 3 \\ 2 & 4 \end{pmatrix}=\begin{pmatrix} k & 3k \\ 2k & 4k \end{pmatrix}$$

$$I+D=\begin{pmatrix} 1 & 0 \\ 0 & 1 \end{pmatrix}+\begin{pmatrix} 1 & 2 \\ 2 & 0 \end{pmatrix}=\begin{pmatrix} 2 & 2 \\ 2 & 1 \end{pmatrix}$$

$$D+CF=\begin{pmatrix} 1 & 2 \\ 2 & 0 \end{pmatrix}+\begin{pmatrix} 1 & 3 \\ 2 & 4 \end{pmatrix}\begin{pmatrix} 6 & 3 \\ 0 & -2 \end{pmatrix}=\begin{pmatrix} 7 & -1 \\ 14 & -2 \end{pmatrix}$$

代入上式

$$A+B=\begin{pmatrix} 2 & 2 & 1 & 3 \\ 2 & 1 & 2 & 4 \\ 6 & 3 & 0 & 0 \\ 0 & -2 & 0 & 0 \end{pmatrix};\quad kA=\begin{pmatrix} k & 0 & k & 3k \\ 0 & k & 2k & 4k \\ 0 & 0 & -k & 0 \\ 0 & 0 & 0 & -k \end{pmatrix}$$

$$AB=\begin{pmatrix} 7 & -1 & 1 & 3 \\ 14 & -2 & 2 & 4 \\ -6 & -3 & -1 & 0 \\ 0 & 2 & 0 & -1 \end{pmatrix}$$

2.3 矩阵的初等变换

矩阵的初等变换是矩阵的一种基本运算，它在求矩阵的秩、逆和解线性方程组中有广泛的应用.

2.3.1 矩阵的初等变换

定义 2-11 对矩阵的行（或列）作以下三种变换称为矩阵的初等变换.

① 位置变换：交换矩阵的任意两行（或列）.

② 倍法变换：用一个不为零的常数乘矩阵的某一行（或列）.

③ 消法变换：用一个常数乘矩阵的某一行（或列），再加到另一行（或列）上去.

为方便起见，矩阵的初等变换过程用→表示：① 第i行与第j行互换，记$(r_i)\leftrightarrow(r_j)$；② 第$i$行的$k$倍，记$k(r_i)$；③ 第$i$行的$k$倍加到第$j$行上去，记$k(r_i)+(r_j)$.

2.3.2 求矩阵的秩

定理 2-4 矩阵$\boldsymbol{A}$经过初等变换变为矩阵$\boldsymbol{B}$，它们的秩不变，即$R(\boldsymbol{B})=R(\boldsymbol{A})$.

根据该定理，可以将一个矩阵$\boldsymbol{A}$经过适当的初等变换，变成一个求秩较为方便的矩阵$\boldsymbol{B}$.

例 2-18 求矩阵

$$A=\begin{pmatrix} 1 & 2 & 2 & 11 \\ 1 & 2 & -3 & -14 \\ 3 & 1 & 1 & 3 \\ 2 & 5 & 5 & 28 \end{pmatrix}$$

的秩.

解

$$A=\begin{pmatrix}1&2&2&11\\1&2&-3&-14\\3&1&1&3\\2&5&5&28\end{pmatrix}\xrightarrow[-2(r_1)+(r_4)]{\substack{-(r_1)+(r_2)\\-3(r_1)+(r_3)}}\begin{pmatrix}1&2&2&11\\0&0&-5&-25\\0&-5&-5&-30\\0&1&1&6\end{pmatrix}$$

$$\xrightarrow{(r_2)\leftrightarrow(r_4)}\begin{pmatrix}1&2&2&11\\0&1&1&6\\0&-5&-5&-30\\0&0&-5&-30\end{pmatrix}\xrightarrow{5(r_2)\leftrightarrow(r_3)}\begin{pmatrix}1&2&2&11\\0&1&1&6\\0&0&0&0\\0&0&-5&-30\end{pmatrix}$$

$$\xrightarrow{(r_3)\leftrightarrow(r_4)}\begin{pmatrix}1&2&2&11\\0&1&1&6\\0&0&-5&25\\0&0&0&0\end{pmatrix}=B.$$

易见$\begin{vmatrix}1&2&2\\0&1&1\\0&0&-5\end{vmatrix}\neq 0$而 4 阶子式为零，$R(B)=3$，所以$R(A)=3$.

2.3.3　求逆矩阵

用初等变换求n阶方阵的逆矩阵的方法如下.

先把方阵A和A同阶的单位矩阵I合在一起写成下面的形式，中间用虚线分开.

$$(A\ \vdots\ I)=\left(\begin{array}{cccc:cccc}a_{11}&a_{12}&\cdots&a_{1n}&1&0&\cdots&0\\a_{21}&a_{22}&\cdots&a_{21}&0&1&\cdots&0\\\cdots&\cdots&\cdots&\cdots&\cdots&\cdots&\cdots&\cdots\\a_{n1}&a_{n2}&\cdots&a_{nn}&0&0&\cdots&1\end{array}\right)$$

然后对这个矩阵的行施行行的初等变换，使前n列的A变成单位矩阵I，那么后n列就变成矩阵A的逆矩阵A^{-1}.

例 2-19　用初等变换求矩阵

$$A=\begin{pmatrix}1&0&1\\2&1&0\\-3&2&-5\end{pmatrix}$$

的逆矩阵.

解

$$(A\quad I)=\left(\begin{array}{ccc:ccc}1&0&1&1&0&0\\2&1&0&0&1&0\\-3&2&-5&0&0&1\end{array}\right)\xrightarrow[3(r_1)+r_3]{-2(r_1)+r_2}\left(\begin{array}{ccc:ccc}1&0&1&1&0&0\\0&1&-2&-2&1&0\\0&2&-2&3&0&1\end{array}\right)$$

$$\xrightarrow{-2(r_2)+(r_3)}\left(\begin{array}{ccc:ccc}1&0&1&1&0&0\\0&1&-2&-2&1&0\\0&0&2&7&-2&1\end{array}\right)\xrightarrow{(r_3)+(r_2)}\left(\begin{array}{ccc:ccc}1&0&1&1&0&0\\0&1&0&5&-1&1\\0&0&2&7&-2&1\end{array}\right)$$

$$\xrightarrow{\frac{1}{2}(r_3)}\left(\begin{array}{ccc|ccc}1&0&1&1&0&0\\0&1&0&5&-1&1\\0&0&1&\frac{7}{2}&-1&\frac{1}{2}\end{array}\right)\xrightarrow{-(r_3)+(r_1)}\left(\begin{array}{ccc|ccc}1&0&0&-\frac{5}{2}&1&-\frac{1}{2}\\0&1&0&5&-1&1\\0&0&1&\frac{7}{2}&-1&\frac{1}{2}\end{array}\right).$$

所以

$$A^{-1}=\begin{pmatrix}-\frac{5}{2}&1&-\frac{1}{2}\\5&-1&1\\\frac{7}{2}&-1&\frac{1}{2}\end{pmatrix}.$$

2.3.4 高斯消元法

设线性方程组

$$\begin{cases}a_{11}x_1+a_{12}x_2+\cdots+a_{1n}x_n=b_1\\a_{21}x_1+a_{22}x_2+\cdots+a_{2n}x_n=b_2\\\cdots\cdots\cdots\cdots\cdots\cdots\cdots\cdots\\a_{n1}x_1+a_{n2}x_2+\cdots+a_{nn}x_n=b_n\end{cases}$$

令

$$(A,b)=\begin{pmatrix}a_{11}&a_{12}&\cdots&a_{1n}&b_1\\a_{21}&a_{22}&\cdots&a_{2n}&b_2\\\cdots&\cdots&\cdots&\cdots&\cdots\\a_{n1}&a_{n2}&\cdots&a_{nn}&b_n\end{pmatrix}$$

为方程组的增广矩阵.

用高斯消去法解线性方程组，就是对它的增广矩阵(A,b)的行施以初等变换，使方程组的增广阵(A,b)变为

$$\begin{pmatrix}1&0&\cdots&0&c_1\\0&1&\cdots&0&c_2\\\cdots&\cdots&\cdots&\cdots&\cdots\\0&0&\cdots&1&c_n\end{pmatrix}$$

由此得方程组的解为

$$x_1=c_1,x_2=c_2,\cdots,x_n=c_n.$$

例 2-20 用高斯消元法解线性方程组

$$\begin{cases}2x_1-3x_2+x_3-x_4=3\\3x_1+x_2+x_3+x_4=0\\4x_1-x_2-x_3-x_4=7\\-2x_1-x_2+x_3+x_4=-5\end{cases}$$

解

$$(A,b)=\begin{pmatrix}2&-3&1&-1&3\\3&1&1&1&0\\4&-1&-1&-1&7\\-2&-1&1&1&-5\end{pmatrix}\xrightarrow{(r_1)\leftrightarrow(r_2)}\begin{pmatrix}3&1&1&1&0\\2&-3&1&-1&3\\4&-1&-1&-1&7\\-2&-1&1&1&-5\end{pmatrix}$$

$$\xrightarrow{(r_3)+(r_1)}\begin{pmatrix}7&0&0&0&7\\2&-3&1&-1&3\\4&-1&-1&-1&7\\-2&-1&1&1&-5\end{pmatrix}\xrightarrow{\frac{1}{7}(r_1)-(r_4)}\begin{pmatrix}1&0&0&0&1\\2&-3&1&-1&3\\4&-1&-1&-1&7\\2&1&-1&-1&5\end{pmatrix}$$

$$\xrightarrow[\substack{-4(r_1)+(r_3)\\-2(r_1)+(r_4)}]{-2(r_1)+(r_2)}\begin{pmatrix}1&0&0&0&1\\0&-3&1&-1&1\\0&-1&-1&-1&3\\0&1&-1&-1&3\end{pmatrix}\xrightarrow{(r_2)\leftrightarrow(r_4)}\begin{pmatrix}1&0&0&0&1\\0&1&-1&-1&3\\0&-1&-1&-1&3\\0&-3&1&-1&1\end{pmatrix}$$

$$\xrightarrow[3(r_2)+(r_3)]{(r_2)+(r_3)}\begin{pmatrix}1&0&0&0&1\\0&1&-1&-1&3\\0&0&-2&-2&6\\0&0&-2&-4&10\end{pmatrix}\xrightarrow{-(r_3)+(r_4)}\begin{pmatrix}1&0&0&0&1\\0&1&-1&-1&3\\0&0&-2&-2&6\\0&0&0&-2&4\end{pmatrix}$$

$$\xrightarrow[-\frac{1}{2}(r_4)]{-\frac{1}{2}(r_3)}\begin{pmatrix}1&0&0&0&1\\0&1&-1&-1&3\\0&0&1&1&-3\\0&0&0&1&-2\end{pmatrix}\xrightarrow[-(r_4)+(r_3)]{(r_3)+(r_2)}\begin{pmatrix}1&0&0&0&1\\0&1&0&0&0\\0&0&1&0&-1\\0&0&0&1&-2\end{pmatrix}.$$

方程组的解为

$$x_1=1,x_2=0,x_3=-1,x_4=-2.$$

2.4　一般线性方程组

线性方程组的一般形式为

$$\begin{cases}a_{11}x_1+a_{12}x_2+\cdots+a_{1n}x_n=b_1\\a_{21}x_1+a_{22}x_2+\cdots+a_{2n}x_n=b_2\\\cdots\cdots\cdots\cdots\cdots\cdots\cdots\cdots\\a_{m1}x_1+a_{m2}x_2+\cdots+a_{mn}x_n=b_m\end{cases}\tag{2-6}$$

它是由 n 个未知数，m 个一次方程组成的方程组. 若常数项 $b_1,b_2,\cdots,b_m$ 不全为零时，方程组（2-6）叫作非齐次线性方程组；若这些常数全为零时，方程（2-6）变成

$$\begin{cases}a_{11}x_1+a_{12}x_2+\cdots+a_{1n}x_n=0\\a_{21}x_1+a_{22}x_2+\cdots+a_{2n}x_n=0\\\cdots\cdots\cdots\cdots\cdots\cdots\cdots\cdots\\a_{m1}x_1+a_{m2}x_2+\cdots+a_{mn}x_n=0\end{cases}\tag{2-7}$$

叫做齐次线性方程组.

2.4.1　非齐次线性方程组

方程组（2-6）的系数矩阵和增广矩阵分别为

$$\boldsymbol{A}=\begin{pmatrix}a_{11}&a_{12}&\cdots&a_{1n}\\a_{21}&a_{22}&\cdots&a_{2n}\\\cdots&\cdots&\cdots&\cdots\\a_{m1}&a_{m2}&\cdots&a_{mn}\end{pmatrix},\quad\overline{\boldsymbol{A}}=\begin{pmatrix}a_{11}&a_{12}&\cdots&a_{1n}&b_1\\a_{21}&a_{22}&\cdots&a_{2n}&b_2\\\cdots&\cdots&\cdots&\cdots&\cdots\\a_{m1}&a_{m2}&\cdots&a_{mn}&b_m\end{pmatrix}$$

定理 2-5　线性方程组（2-6）有解的充要条件是它的系数矩阵 $\boldsymbol{A}$ 的秩与增广矩阵 $\overline{\boldsymbol{A}}$ 的秩相等. 即

$$R(A)=R(\overline{A}).$$

证明略.

应用定理 2-5 解决问题时，需要求出 $R(A)$ 和 $R(\overline{A})$. 由于矩阵 A 的元素是矩阵 $\overline{A}$ 去掉最后一列元素，所以只要对矩阵 $\overline{A}$ 的行施以初等变换，就可同时求得 A 和 $\overline{A}$ 的秩. 由初等变换的方法求秩和求解线性方程组的过程可知，求矩阵的秩和解线性方程组可以同步进行.

例 2-21 线性方程组

$$\begin{cases} x_1-x_2+x_3-x_4=1 \\ x_1-x_2-x_3+x_4=-1 \\ x_1-x_2-2x_3+2x_4=2 \end{cases}$$

是否有解?

解

$$\overline{A}=\begin{pmatrix} 1 & -1 & 1 & -1 & 1 \\ 1 & -1 & -1 & 1 & -1 \\ 1 & -1 & 2 & 2 & 2 \end{pmatrix} \xrightarrow[-(r_1)+(r_3)]{-(r_1)+(r_2)} \begin{pmatrix} 1 & 1 & 1 & -1 & 1 \\ 0 & 0 & -2 & 2 & -2 \\ 0 & 0 & -2 & 3 & 1 \end{pmatrix}$$

$$\xrightarrow{-\frac{3}{2}(r_2)+(r_3)} \begin{pmatrix} 1 & -1 & 1 & -1 & 1 \\ 0 & 0 & -2 & 2 & -2 \\ 0 & 0 & 0 & 0 & 4 \end{pmatrix}=B.$$

由 B 可知 $R(A)=2$，$R(\overline{A})=3$，即 $R(A)\neq R(\overline{A})$，所以方程无解.

如果方程组（2-6）有解，那么它的解是唯一的？还是有无穷多个?下面的定理 2-6 回答了这个问题.

定理 2-6 设在方程组（2-6）中，$R(A)=R(\overline{A})=r$

① 若 $r=n$，则方程组（Ⅰ）有唯一解；

② 若 $r<n$，则方程组（Ⅰ）有无穷多个解.

证明略.

例 2-22 解线性方程组

$$\begin{cases} x_1+2x_2-3x_3=13 \\ 2x_1+3x_2+x_3=4 \\ 3x_1-x_2+2x_3=-1 \\ x_1-x_2+3x_3=-8 \end{cases}$$

解

$$\overline{A}=\begin{pmatrix} 1 & 2 & -3 & 13 \\ 2 & 3 & 1 & 4 \\ 3 & -1 & 2 & -1 \\ 1 & -1 & 3 & -8 \end{pmatrix} \to \begin{pmatrix} 1 & 2 & -3 & 13 \\ 0 & -1 & 7 & -22 \\ 0 & -7 & 11 & -40 \\ 0 & -3 & 6 & -21 \end{pmatrix} \to \begin{pmatrix} 1 & 2 & -3 & 13 \\ 0 & -1 & 7 & -22 \\ 0 & 0 & -38 & 114 \\ 0 & 0 & -15 & 45 \end{pmatrix}$$

$$\to \begin{pmatrix} 1 & 2 & -3 & 13 \\ 0 & -1 & 7 & -22 \\ 0 & 0 & 1 & -3 \\ 0 & 0 & 1 & -3 \end{pmatrix} \to \begin{pmatrix} 1 & 2 & -3 & 13 \\ 0 & 1 & -7 & 22 \\ 0 & 0 & 1 & -3 \\ 0 & 0 & 0 & 0 \end{pmatrix}=B$$

由 B 可知 $R(A)=R(\overline{A})=3$ 等于未知数的个数，方程组有唯一解，继续对 B 的前三行施初等变换.

$$\begin{pmatrix}1&2&-3&13\\0&1&-7&22\\0&0&1&-3\end{pmatrix}\to\begin{pmatrix}1&2&0&4\\0&1&0&1\\0&0&1&-3\end{pmatrix}\to\begin{pmatrix}1&0&0&2\\0&1&0&1\\0&0&1&-3\end{pmatrix}$$

于是方程组的解为

$$x_1=2,x_2=1,x_3=-3.$$

例 2-23　解线性方程组

$$\begin{cases}2x_1-x_2+x_3+x_4=1\\x_1+2x_2-x_3+4x_4=2\\x_1+7x_2-4x_3+11x_4=5\end{cases}$$

解

$$\bar{A}=\begin{pmatrix}2&-1&1&1&1\\1&2&-1&4&2\\1&7&-4&11&5\end{pmatrix}\to\begin{pmatrix}0&-5&3&-7&-3\\1&2&-1&4&2\\0&5&-3&7&3\end{pmatrix}$$

$$\to\begin{pmatrix}0&-5&3&-7&-3\\1&2&-1&4&2\\0&0&0&0&0\end{pmatrix}\to\begin{pmatrix}1&2&-1&4&2\\0&1&-\frac{3}{5}&\frac{7}{5}&\frac{3}{5}\\0&0&0&0&0\end{pmatrix}$$

$$\to\begin{pmatrix}1&0&\frac{1}{5}&\frac{6}{5}&\frac{4}{5}\\0&1&-\frac{3}{5}&\frac{7}{5}&\frac{3}{5}\\0&0&0&0&0\end{pmatrix}=\boldsymbol{B}$$

由 $\boldsymbol{B}$ 可知 $R(\boldsymbol{A})=R(\bar{\boldsymbol{A}})=2$，小于未知数的个数，所以方程组有无穷多个解，对应方程组有

$$\begin{cases}x_1+\frac{1}{5}x_3+\frac{6}{5}x_4=\frac{4}{5}\\x_2-\frac{3}{5}x_3+\frac{7}{5}x_4=\frac{3}{5}\end{cases}$$

$$\begin{cases}x_1=\frac{4}{5}-\frac{1}{5}x_3-\frac{6}{5}x_4\\x_2=\frac{3}{5}+\frac{3}{5}x_3-\frac{7}{5}x_4\end{cases}$$

其中 x_3 与 x_4 的值可以任取，令 $x_3=c_1,x_4=c_2$，则方程组的解为

$$\begin{cases}x_1=\frac{4}{5}-\frac{1}{5}c_1-\frac{6}{5}c_2\\x_2=\frac{3}{5}+\frac{3}{5}c_1-\frac{7}{5}c_2\\x_3=c_1\\x_4=c_2\end{cases}.$$

2.4.2　齐次线性方程组

由于齐次线性方程组（2-7）是非齐次线性方程组（2-6）的特殊情况，而且方程组（2-7）

的增广矩阵 $\overline{A}$ 的秩与系数矩阵 A 的秩总是相等的，因此，由定理 2-5 可知，齐次线性方程组（2-7）总是有解的. 显然方程组（2-7）至少有一个零解（平凡解）

$$x_1 = x_2 = \cdots = x_n = 0 .$$

把定理 2-6 应用于齐次线性方程组还可以得到下面定理

定理 2-7 设在齐次线性方程组（2-7）中，$R(A) = r$

① 若 $r = n$，则方程组（2-7）只有零解；

② 若 $r < n$，则方程组（2-7）有无穷多个非零解.

例 2-24 解方程组

$$\begin{cases} x_1 + 2x_2 + 3x_3 = 0 \\ 2x_1 + 3x_2 + x_3 = 0 \\ x_1 + x_2 - 2x_3 = 0 \\ 3x_1 + 5x_2 + 4x_3 = 0 \end{cases}$$

解

$$A = \begin{pmatrix} 1 & 2 & 3 \\ 2 & 3 & 1 \\ 1 & 1 & -2 \\ 3 & 5 & 4 \end{pmatrix} \to \begin{pmatrix} 1 & 2 & 3 \\ 0 & -1 & -5 \\ 0 & -1 & -5 \\ 0 & -1 & -5 \end{pmatrix} \to \begin{pmatrix} 1 & 0 & -7 \\ 0 & -1 & -5 \\ 0 & 0 & 0 \\ 0 & 0 & 0 \end{pmatrix} \to \begin{pmatrix} 1 & 0 & -7 \\ 0 & 1 & 5 \\ 0 & 0 & 0 \\ 0 & 0 & 0 \end{pmatrix} = B$$

由 B 可知 $R(A) = 2 < 3$. 根据定理 2-7，方程组不但有零解，而且还有无穷多个非零解. 以 B 的前两行为系数写出所对应的方程组

$$\begin{cases} x_1 - 7x_3 = 0 \\ x_2 + 5x_3 = 0 \end{cases}$$

解得

$$\begin{cases} x_1 = 7x_3 \\ x_2 = -5x_3 \end{cases}$$

于是得方程组的解为

$$\begin{cases} x_1 = 7c \\ x_2 = -5c \\ x_3 = c \end{cases}.$$

例 2-25 若方程组

$$\begin{cases} x_1 + ax_2 + a^2x_3 = 0 \\ ax_1 + a^2x_2 + x_3 = 0 \\ a^2x_1 + x_2 + ax_3 = 0 \end{cases}$$

有非零解，问 a 应为何值？

解

$$A = \begin{pmatrix} 1 & a & a^2 \\ a & a^2 & 1 \\ a^2 & 1 & a \end{pmatrix}$$

该方程组若有非零解，则有 $r(A) < 3$，即 $|A| = 0$，又

$$|A|=\begin{vmatrix}1 & a & a^2\\ a & a^2 & 1\\ a^2 & 1 & a\end{vmatrix}=a^3+a^3+a^3-a^6-a^3-1=-a^6+2a^3-1$$

由$|A|=-a^6+2a^3-1=0$，解得$a=1$.

即当$a=1$时，该方程组有非零解.

习题二

1．选择题

（1）行列式$\begin{vmatrix}a & 2 & 0\\ 2 & a & 0\\ 1 & 3 & 4\end{vmatrix}>0$的充要条件是（　　）.

A．$|a|<2$　　B．$|a|>2$　　C．$a>0$　　D．$a<-2$

（2）若二阶行列式$|A|=\begin{vmatrix}a_{11} & a_{12}\\ a_{21} & a_{22}\end{vmatrix}$，则元素$a_{12}$的代数余子式$A_{12}$（　　）.

A．$-a_{21}$　　B．a_{21}　　C．$-a_{22}$　　D．a_{22}

（3）线性方程组$\begin{cases}\lambda x-y=a\\ -x+\lambda y=b\end{cases}$仅有唯一解，则$\lambda$应满足（　　）.

A．等于1　　B．等于−1　　C．等于2　　D．异于±1的实数

（4）若行列式$\begin{vmatrix}1 & 2 & 5\\ 1 & 3 & -2\\ 2 & 5 & x\end{vmatrix}=0$，则$x=$（　　）.

A．−3　　B．−2　　C．3　　D．2

（5）设$\begin{vmatrix}a_1 & b_1 & c_1 & d_1\\ a_2 & b_2 & c_2 & d_2\\ a_3 & b_3 & c_3 & d_3\\ a_4 & b_4 & c_4 & d_4\end{vmatrix}=m,\begin{vmatrix}a_1 & c_1 & b_1 & f_1\\ a_2 & c_2 & b_2 & f_2\\ a_3 & c_3 & b_3 & f_3\\ a_4 & c_4 & b_4 & f_4\end{vmatrix}=n$，则$\begin{vmatrix}a_1 & b_1 & c_1 & 2d_1+f_1\\ a_2 & b_2 & c_2 & 2d_2+f_2\\ a_3 & b_3 & c_3 & 2d_3+f_3\\ a_4 & b_4 & c_4 & 2d_4+f_4\end{vmatrix}=$（　　）.

A．$m+n$　　B．$m-n$　　C．$2m-n$　　D．$2m+n$

（6）已知行列式$A=\begin{vmatrix}0 & a_1 & 0 & \vdots & 0\\ 0 & 0 & a_2 & \vdots & 0\\ \vdots & \vdots & \vdots & \vdots & \vdots\\ 0 & 0 & 0 & \vdots & a_{n-1}\\ a_{n1} & a_{n2} & a_{n3} & \vdots & a_{nn}\end{vmatrix}$，则$A$（　　）.

A．0　　B．$a_1a_2\cdots a_{n-1}a_{n1}$　　C．$-a_1a_2\cdots a_{n-1}a_{n1}$　　D．$(-1)^{n+1}a_1a_2\cdots a_{n-1}a_{n1}$

（7）称为零矩阵的矩阵是（　　）.

A．至少有一个零元素　　B．全为零元素

C．至少有一个非零元素　　D．必须有零元素

（8）设$\boldsymbol{A}$为n阶方阵，则下列矩阵为对称矩阵的是（　　）.

A．$\boldsymbol{A}+\boldsymbol{A}'$　　B．$\boldsymbol{A}-\boldsymbol{A}'$　　C．$2\boldsymbol{A}$　　D．$\boldsymbol{A}^2$

（9）设$\boldsymbol{A}=(a_{ij})_{s\times n},(s\neq n)$为实矩阵，且$\boldsymbol{A}\neq 0$则（　　）.

A. A可自身相乘　　B. A可与A'相加

C. A可自身相加　　D. A与A'不能相乘

（10）若矩阵A与B，有$AB=0$，则（　　）.

A. $A=0$或$B=0$　　B. $A=0$且$B=0$

C. $A\neq 0$且$B\neq 0$　　D. 以上结论都有可能

（11）设矩阵$A=\begin{pmatrix}1&2\\4&3\end{pmatrix},B=\begin{pmatrix}x&1\\2&y\end{pmatrix}$，当$x$与$y$之间具有关系（　　）时，有$AB=BA$.

A. $2x=y$　　B. $y=2x$　　C. $y=x+1$　　D. $y=x-1$

（12）设A是n阶方阵，λ为实数，下列等式成立的是（　　）.

A. $|\lambda A|=\lambda|A|$　　B. $|\lambda A|=|\lambda||A|$　　C. $|\lambda A|=|\lambda^n||A|$　　D. $|\lambda A|=\lambda^n|A|$

（13）设矩阵$A=\begin{pmatrix}2&3\\1&4\end{pmatrix}$，则$A$的伴随矩阵$A^*=$（　　）.

A. $\begin{pmatrix}-4&3\\1&-2\end{pmatrix}$　　B. $\begin{pmatrix}4&-3\\-1&2\end{pmatrix}$　　C. $\begin{pmatrix}-2&3\\-1&2\end{pmatrix}$　　D. $\begin{pmatrix}2&-3\\-1&4\end{pmatrix}$

（14）设A,B是两个同阶可逆矩阵，则下列关系中不正确的是（　　）.

A. $(AB)^{-1}=A^{-1}B^{-1}$　　B. $(AB)^{-1}=B^{-1}A^{-1}$

C. $(A^{-1})^{-1}=A$　　D. $(A^{-1})'=(A')^{-1}$

（15）设A,B是同阶可逆矩阵，则矩阵方程$AX+B=AB$的解为（　　）.

A. $X=(A-A^{-1})B$　　B. $X=(A-I)B$

C. $X=(I-A)B$　　D. $X=A^{-1}(A-I)B$

（16）已知$\begin{pmatrix}1&0\\0&\frac{1}{3}\end{pmatrix}X\begin{pmatrix}0&\frac{1}{3}\\1&0\end{pmatrix}=\begin{pmatrix}1&2\\3&1\end{pmatrix}$，则$X=$（　　）.

A. $\begin{pmatrix}1&3\\9&2\end{pmatrix}$　　B. $\begin{pmatrix}9&3\\1&2\end{pmatrix}$　　C. $\begin{pmatrix}6&1\\9&9\end{pmatrix}$　　D. $\begin{pmatrix}9&9\\6&0\end{pmatrix}$

（17）在一秩为r的矩阵中，任一r阶子式（　　）.

A. 不会都不等于0　　B. 可以等于0，也可以不等于0

C. 必等于0　　D. 必不等于0

（18）在一秩为r的矩阵中，任一r阶子式（　　）.

A. 必等于0　　B. 必不等于0

C. 不会都不等于0　　D. 可以等于0，也可以不等于0

（19）求矩阵的秩时，所做的初等变换只能是（　　）.

A. 对行施以初等变换　　B. 对列施以初等变换

C. 既可对行又可对列施以初等变换　　D. 以上做法都不对

（20）用矩阵的初等变换解线性方程组时，所做的初等变换只能是（　　）.

A. 对增广矩阵的行施以初等变换

B. 对增广矩阵的列施以初等变换

C. 对增广矩阵的行和列交替进行初等变换

D. 对系数矩阵进行初等变换

（21）若齐次线性方程组$\begin{cases}\lambda x_1+x_2+x_3=0\\x_1+\lambda x_2+x_3=0\\x_1+x_2+\lambda x_3=0\end{cases}$仅有零解，则（　　）.

A. $\lambda\neq\pm1$　　B. $\lambda\neq\pm2$　　C. $\lambda\neq1$且$\lambda\neq2$　　D. $\lambda\neq1$

（22）线性方程组

$$\begin{cases}x_1-2x_2+x_3+x_4=1\\x_1-2x_2+x_3-x_4=-1\\x_1-2x_2+x_3+5x_4=5\end{cases}$$

有（　　）.

A. 唯一解　　B. 无穷多解　　C. 无解　　D. 不能确定

2. 填空题

（1）对于矩阵$A=\begin{pmatrix}0&1&0\\a&0&c\\b&0&0\end{pmatrix}$，当$a=$______，当$b=$______，当$c=$______，$A$是对称矩阵.

（2）若$A=\begin{pmatrix}1&0\\\lambda&1\end{pmatrix}$，则矩阵$A$的$k$次方幂$A^k=$__________.

（3）若A是5阶方阵，且$|A|=1$，则$|-2A|=$__________.

（4）若A,B互为逆矩阵时，$AB=$__________.

（5）当$k=$__________时，矩阵$A=\begin{pmatrix}1&k\\2&1\end{pmatrix}$不可逆.

（6）设矩阵方程$AXB=C$，其中$|A|\neq0,|B|\neq0,$则$X=$__________，

3. 求下列各行列式的值

（1）$\begin{vmatrix}\tan\alpha&-1\\1&\tan\alpha\end{vmatrix}$　　（2）$\begin{vmatrix}x-1&1\\x^3&x^2+x-1\end{vmatrix}$

（3）$\begin{vmatrix}1+\cos x&1+\sin x&1\\1-\cos x&1+\cos x&1\\1&1&1\end{vmatrix}$　　（4）$\begin{vmatrix}0&-1&1&1\\1&-2&0&1\\3&-1&-1&-1\\0&0&1&-1\end{vmatrix}$

4. 解方程$\begin{vmatrix}1&1&1&1\\-1&x&2&2\\2&2&x&-3\\3&3&3&x\end{vmatrix}=0$.

5. 利用行列式的性质证明.

（1）$\begin{vmatrix}b_1+c_1&c_1+a_1&a_1+b_1\\b_2+c_2&c_2+a_2&a_2+b_2\\b_3+c_3&c_3+a_3&a_3+b_3\end{vmatrix}=2\begin{vmatrix}a_1&b_1&c_1\\a_2&b_2&c_2\\a_3&b_3&c_3\end{vmatrix}$.

（2）$\begin{vmatrix}1&a&a^2\\1&b&b^2\\1&c&c^2\end{vmatrix}=(a-b)(b-c)(c-a)$.

6．用克莱姆法则解线性方程组.

（1）$\begin{cases} 2x_1-x_2-x_3=2 \\ x_1+x_2+4x_3=0 \\ 3x_1-7x_2+5x_3=-1 \end{cases}$ （2）$\begin{cases} 2x_1-3x_2+x_3=0 \\ -3x_1+4x_2-2x_3=1 \\ 5x_1+x_2+4x_3=-3 \end{cases}$

（3）$\begin{cases} 2x_1+x_2-5x_3+x_4=8 \\ x_1-3x_2-6x_4=9 \\ 2x_2-x_3+2x_4=-5 \\ x_1+4x_2-7x_3+6x_4=0 \end{cases}$ （4）$\begin{cases} 2x_1-3x_2+x_3-x_4=1 \\ x_1+3x_2+x_3-2x_4=0 \\ 3x_1-5x_2-2x_3+x_4=4 \\ 4x_1+x_2-5x_3-x_4=-1 \end{cases}$

7．已知$\boldsymbol{A}=\begin{pmatrix} 0 & 2 & 4 \\ 4 & 1 & -2 \\ -3 & 2 & -1 \end{pmatrix}$．求（1）$\boldsymbol{A}+\boldsymbol{A}'$，（2）$\boldsymbol{A}-\boldsymbol{A}'$.

8．已知$\boldsymbol{A}=\begin{pmatrix} 3 & 7 & 4 \\ -3 & 4 & 4 \\ -2 & 0 & 3 \end{pmatrix}$，$\boldsymbol{B}=\begin{pmatrix} 3 & x_1 & x_2 \\ x_1 & 4 & x_3 \\ x_2 & x_3 & 3 \end{pmatrix}$ $\boldsymbol{B}=\begin{pmatrix} 0 & y_1 & y_2 \\ -y_1 & 0 & y_3 \\ -y_2 & -y_3 & 0 \end{pmatrix}$，且$\boldsymbol{A}=\boldsymbol{B}+\boldsymbol{C}$，求矩阵$\boldsymbol{B}$和$\boldsymbol{C}$.

9．已知$\boldsymbol{A}=\begin{pmatrix} 3 & 2 \\ 4 & 5 \\ 6 & 7 \end{pmatrix},\boldsymbol{B}=\begin{pmatrix} 5 & 1 \\ 2 & -4 \\ 3 & -2 \end{pmatrix}$，求$\frac{1}{2}(\boldsymbol{A}+\boldsymbol{B})$.

10．计算

（1）$\begin{pmatrix} 1 & 0 \\ 0 & 1 \end{pmatrix}\begin{pmatrix} 3 & 2 \\ 5 & 6 \end{pmatrix}$ （2）$\begin{pmatrix} 1 & 0 \end{pmatrix}\begin{pmatrix} 0 \\ 1 \end{pmatrix}$

（3）$\begin{pmatrix} 2 \\ 1 \\ -1 \\ 2 \end{pmatrix}\begin{pmatrix} -2 & 1 & 0 \end{pmatrix}$ （4）$\begin{pmatrix} x & y \end{pmatrix}\begin{pmatrix} 9 & -12 \\ -12 & 16 \end{pmatrix}\begin{pmatrix} x \\ y \end{pmatrix}$

（5）$\begin{pmatrix} \cos\theta & -\sin\theta \\ \sin\theta & \cos\theta \end{pmatrix}\begin{pmatrix} \cos\theta & \sin\theta \\ -\sin\theta & \cos\theta \end{pmatrix}$

（6）$\begin{pmatrix} 1 & -1 & 1 \\ 2 & 0 & 1 \\ 3 & 1 & -2 \\ -1 & 2 & 1 \end{pmatrix}\begin{pmatrix} 1 & 1 \\ 0 & 1 \\ 1 & 0 \end{pmatrix}$

11．已知$\boldsymbol{A}=\begin{pmatrix} 3 & 1 & 1 \\ 2 & 1 & 2 \\ 1 & 2 & 3 \end{pmatrix},\boldsymbol{B}=\begin{pmatrix} 1 & 1 & -1 \\ 2 & -1 & 0 \\ 1 & 0 & 1 \end{pmatrix}$，求$\boldsymbol{AB}-\boldsymbol{BA}$.

12．求下列矩阵的逆矩阵.

（1）$\begin{pmatrix} 1 & 2 \\ 2 & 5 \end{pmatrix}$ （2）$\begin{pmatrix} 3 & 2 & 1 \\ 6 & 4 & 2 \\ 1 & 2 & 5 \end{pmatrix}$

（3）$\begin{pmatrix} 1 & 0 & 1 \\ 2 & 1 & 0 \\ -3 & 2 & -5 \end{pmatrix}$ （4）$\begin{pmatrix} 1 & 0 & 0 & 0 \\ 2 & 1 & 0 & 0 \\ 3 & 2 & 1 & 0 \\ 4 & 3 & 2 & 1 \end{pmatrix}$

13．解下列矩阵方程.

（1）$X\begin{pmatrix}4 & 7\\ 5 & 9\end{pmatrix}=\begin{pmatrix}1 & 0\\ 0 & 2\end{pmatrix}$

（2）$\begin{pmatrix}0 & 1 & 0\\ 1 & 0 & 0\\ 0 & 0 & 1\end{pmatrix}X=\begin{pmatrix}1 & -4 & 3\\ 2 & 0 & -1\\ 1 & -2 & 0\end{pmatrix}$

14．用逆矩阵解线性方程组.

$$\begin{cases}x_1+x_3=-1\\ 2x_1+x_2=2\\ -3x_1+2x_2-5x_3=5\end{cases}.$$

15．求下列矩阵的秩.

（1）$\begin{pmatrix}1 & 2 & -3\\ -1 & -3 & 4\\ 1 & 1 & -2\end{pmatrix}$　　（2）$\begin{pmatrix}2 & 0 & 2 & 2\\ 0 & 1 & 0 & 0\\ 2 & 1 & 0 & 1\\ 0 & 1 & 0 & 0\end{pmatrix}$

16．按下列分块的方法，求 $2A-B$.

$$A=\left(\begin{array}{cc|c}1 & 0 & 3\\ 0 & 1 & -1\\ \hline 2 & -1 & 0\\ 3 & 2 & 0\end{array}\right)\quad B=\left(\begin{array}{cc|c}2 & -1 & 4\\ -1 & 2 & -2\\ \hline 2 & 0 & 0\\ 0 & 2 & 0\end{array}\right).$$

17．按下列分块的方法求 AB.

（1）

$$A=\left(\begin{array}{cc|cc}1 & 0 & -2 & 0\\ 0 & 1 & 0 & -2\\ \hline 0 & 0 & 5 & 3\end{array}\right)\quad B=\left(\begin{array}{c|cc}3 & 0 & -2\\ 1 & 2 & 0\\ \hline 0 & 1 & 0\\ 0 & 0 & 1\end{array}\right).$$

（2）

$$A=\left(\begin{array}{cc|ccc}1 & 4 & 1 & 0 & 0\\ 2 & 0 & 0 & 1 & 0\\ 3 & -1 & 0 & 0 & 1\\ \hline 2 & 0 & 0 & 0 & 0\\ 0 & 2 & 0 & 0 & 0\end{array}\right)\quad B=\left(\begin{array}{cc|c}a_1 & a_2 & a_3\\ b_1 & b_2 & b_3\\ \hline 0 & 0 & 1\\ 0 & 0 & 0\\ 0 & 0 & 0\end{array}\right).$$

18．求下列矩阵的秩.

（1）$\begin{pmatrix}4 & -2 & 1\\ 1 & 2 & -2\\ -1 & 8 & -7\end{pmatrix}$；　　（2）$\begin{pmatrix}1 & 2 & 2 & 11\\ 1 & 2 & -3 & -14\\ 3 & 1 & 1 & 3\\ 2 & 5 & 5 & 28\end{pmatrix}$.

19．用高斯消去法解线性方程组.

（1）$\begin{cases}x_1+2x_2+3x_3=-7\\ 2x_1-x_2+2x_3=-8\\ x_1+3x_2=7\end{cases}$；　　（2）$\begin{cases}x_1-3x_2+4x_3+3x_4=4\\ 3x_1+2x_2+2x_3+8x_4=-6\\ 5x_1+2x_2+3x_3+2x_4=-1\\ 2x_1+4x_2+x_3-2x_4=5\end{cases}$.

20．解下列线性方程组.

（1）$\begin{cases} x_1 - x_2 + x_3 - x_4 = 1 \\ x_1 - x_2 - x_3 + x_4 = 0 \\ 2x_1 - 2x_2 - x_3 + 4x_4 = -1 \end{cases}$　　（2）$\begin{cases} x_1 - 2x_2 + 3x_3 - 4x_4 = 4 \\ x_2 - x_3 + x_4 = -3 \\ x_1 + 3x_2 - 3x_4 = 1 \\ -7x_2 + 3x_3 + x_4 = -3 \end{cases}$

（3）$\begin{cases} x_1 + 2x_2 - 3x_3 = 13 \\ 2x_1 + 3x_2 + x_3 = 4 \\ 3x_1 - x_2 + 2x_3 = -1 \\ x_1 - x_2 + 3x_3 = -8 \end{cases}$　　（4）$\begin{cases} x_1 - x_2 + 3x_3 = 0 \\ x_1 + x_2 - 2x_3 = 0 \\ 3x_1 + x_2 - x_3 = 0 \\ x_1 - 3x_2 + 8x_3 = 0 \end{cases}$

（5）$\begin{cases} x_1 + 2x_2 + 3x_3 + 4x_4 = 0 \\ x_1 + x_2 + 2x_3 + 3x_4 = 0 \\ x_1 + 5x_2 + x_3 + 2x_4 = 0 \\ x_1 + 5x_2 + 5x_3 + 2x_4 = 0 \end{cases}$

21．当a取什么值时，方程组.

$$\begin{cases} x_1 + x_2 + x_3 + x_4 = 1 \\ 3x_1 + 2x_2 + x_3 - 3x_4 = a \\ x_2 + 2x_3 + 6x_4 = 3 \end{cases}$$

有解，并求出它的解.

第3章

离散数学

3.1 集合论

集合论是现代数学的基础，它已深入到各种科学和技术领域中，被广泛应用到数学和计算机科学的各个分支中去. 集合的运算是本节的重点.

3.1.1 集合和集合的运算

3.1.1.1 集合与元素

集合是任何一类事物（或对象）的聚集. 此处提到的事物可以是具体的或者抽象的，并且对于给定的集合和事物，应该可以明确确定这个给定事物是否属于这个集合.

一般情况下，大写字母 $A,B,\cdots,P,Q,\cdots$ 表示集合，小写字母 $a,b,\cdots,x,y,\cdots$ 表示组成集合的某一确定对象或元素. 符号 $a\in A$ 的含义表示 a 属于 A，$a\notin A$ 表示 a 不属于 A.

常见的集合表示符号有：**N** 表示自然数集（包括 0），**Z** 表示整数集，**Q** 表示有理数集，**R** 表示实数集，**C** 表示复数集.

集合 A 中的不同元素的数目，可称为集合 A 的基数或势，记作 $|A|$ 或 $\#A$. 集合的基数是有限的，称为有限集，否则称为无限集. 例如：$A=\{x|x\text{ 是小于5的自然数}\}$，则 $|A|=5$.

3.1.1.2 集合的表示法

给出一个集合的方法，通常有以下两种.

（1）列举法

列举出集合中的所有元素，并用花括号将它括起来.

一般，列举法仅适用于集合所含元素为有限个或无限可列个（如全体自然数）的情形. 例如：$A=\{a,b,c,d\}$，$B=\{1,2,3,\cdots\}$，$C=\{\frac{1}{2},\frac{1}{3},\frac{1}{4},\cdots\}$.

（2）描述法

描述集合中元素具有共同性质的方法来表示集合.

如果一个集合不含有任何元素，称为空集，记为 ϕ. 在一个具体问题中，如果所有涉及的集合都是某一集合的子集，则称这个集合为全集，记作 E.

注意：

①集合中元素的无序性，例如$\{1,2,3\}$和$\{2,1,3\}$是完全相同的集合；

②集合中的元素互异性，例如$\{1,1,2,3\}$是不允许出现的；

③集合中的元素本身又是集合，例如后面介绍的幂集.

3.1.1.3 集合的关系

相等与包含是集合的两种基本关系.

（1）相等

集合A和B元素全相同，则称A和B相等，记作$A=B$，否则称A和B不相等，记作$A\neq B$.

（2）包含

设A和B是两个集合，如果A中每一元素都是B的元素，则称A是B的子集，记作$A\subseteq B$或$B\supseteq A$，分别读作A包含于B或B包含A. 若存在元素$a\in A$，但$a\notin B$，则A不是B的子集，记作$A\not\subseteq B$. 若$A\subseteq B$，且$A\neq B$，则称A是B的真子集.

（3）幂集

设A是一个集合，由A的所有子集为元素组成的集合，称作A的幂集，记作$P(A)$.

例 3-1 设集合$A=\{1,2,3\}$，求A的幂集.

解 将A的子集由小到大分类.

① 0元素集合，即空集，只有一个：ϕ.

② 1元素集合，有C_3^1个：$\{1\},\{2\},\{3\}$.

③ 2元素集合，有C_3^2个：$\{1,2\},\{1,3\},\{2,3\}$.

④ 3元素集合，有C_3^3个：$\{1,2,3\}$.

即$P(A)=\{\phi,\{1\},\{2\},\{3\},\{1,2\},\{1,3\},\{2,3\},\{1,2,3\}\}$.

3.1.1.4 集合的运算

① 并集：$A\cup B=\{x|x\in A \text{或} x\in B\}$

② 交集：$A\cap B=\{x|x\in A \text{且} x\in B\}$

③ 差集：$A-B=\{x|x\in A \text{且} x\notin B\}$

④ 补集：$\overline{A}=\{x|x\in E \text{且} x\notin A\}$

⑤ 对称差集：$A\oplus B=\{x|x\in A\cup B \text{且} x\notin A\cap B\}$

⑥ 笛卡尔集

$A\times B=\{<a,b>|a\in A \text{且} b\in B\}$，其中$<a,b>$称为序偶（有序数对）.

例 3-2 设$A=\{3,2,\{1\}\},B=\{1,5\},C=\{4,5,6\}$，求$A\cap B$，$A\cup B$，$B-C$，$C-B$，$B\oplus C$，$B\times C$.

解 由集合的运算的定义可知

$A\cap B=\phi$，$A\cup B=\{1,2,3,\{1\},5\}$，$B-C=\{1\}$，$C-B=\{4,6\}$，$B\oplus C=\{1,4,6\}$，$B\times C=\{<1,4>,<1,5>,<1,6>,<5,4><5,5><5,6>\}$.

3.1.1.5 集合运算的性质

① 交换律：$A\cup B=B\cup A, A\cap B=B\cap A$

② 结合律：$(A\cup B)\cup C=A\cup(B\cup C),(A\cap B)\cap C=A\cap(B\cap C)$

③ 分配律：$A\cup(B\cap C)=(A\cup B)\cap(A\cup C),A\cap(B\cup C)=(A\cap B)\cup(A\cap C)$

④ 幂等律：$A\cup A=A, A\cap A=A$

⑤ 同一律：$A\cup\phi=A, A\cap E=A$

⑥ 零一律：$A\cup E=E, A\cap\phi=\phi$

⑦ 否定律：$A\cup\overline{A}=E, A\cap\overline{A}=\phi$

⑧ 双重否定律：$\overline{\overline{A}}=A$

⑨ 吸收律：$A\cup(A\cap B)=A, A\cap(A\cup B)=A$

⑩ 摩根律：$\overline{A\cup B}=\overline{A}\cap\overline{B}, \overline{A\cap B}=\overline{A}\cup\overline{B}$

例 3-3　证明吸收律.

证明　因为 $A\cup(A\cap B)=(A\cup A)\cap(A\cup B)=A\cap(A\cup B)$

于是只需证明 $A\cup(A\cap B)=A$ 即可，而

$$
\begin{aligned}
A\cup(A\cap B)&=(A\cap E)\cup(A\cap B)=A\cap(E\cup B)\\
&=A\cap E=A
\end{aligned}
$$

得证.

3.1.2　二元关系和函数

现实世界中广泛存在着关系的概念. 日常生活中朋友关系、父子关系、师生关系等，而各门学科中也存在着函数关系、原函数与导数关系、同构关系等. 这一节我们主要讨论二元关系.

3.1.2.1　二元关系

（1）**定义 3-1**

设 A,B 是两个非空集合，$R\subseteq A\times B$，称 R 是从 A 到 B 的二元关系. 若 $A=B$，称 R 为 A 上二元关系. 若 $a\in A, b\in B, <a,b>\in R$，称 a 与 b 有关系 R，记作 aRb，否则称 a 与 b 无关系 R.

（2）前域（定义域）

$\text{dom}R=\{x|x\in A, \exists b\in B, 使<x,b>\in R\}$

值域　$\text{ran}R=\{x|x\in B, \exists a\in A, 使<a,x>\in R\}$

（3）关系图

$R\subseteq A\times B$，将 A,B 元素用点表示，若 $<x,y>\in R$，那么画一根以 x 为起点的有向弧指向 y，划出所有弧线所得，即为 R 的关系图.

（4）关系矩阵

设有限集合 $A=\{a_1,a_2,\cdots,a_m\}$，$B=\{b_1,b_2,\cdots,b_n\}$，设事先为每一个集合中所有元素约定一个次序，$m\times n$ 矩阵 $\boldsymbol{M}=\{r_{ij}\}_{m\times n}$ 称为 A 到 B 的关系 R 的关系矩阵，当且仅当

$$
r_{ij}=\begin{cases}1 & 当<a_i,b_j>\in R\\ 0 & 否则\end{cases}，1\leqslant i\leqslant m, 1\leqslant j\leqslant n.
$$

例 3-4　设 $A=\{2,3,6,8,12,32\}$，$R=\{<a,b>|a,b\in A 且 a|b\}$，写出 R 的所有元素，并求出前域、值域、关系矩阵.

解　$R=\{<2,2>,<2,6>,<2,8>,<2,12>,<2,32>,<3,3>,<3,6>,<3,12>,$
$<6,6>,<6,12>,<8,8>,<8,32>,<12,12>,<32,32>\}$

$$\text{dom}R=\text{ran}R=A$$

$$M_R=\begin{pmatrix}1&0&1&1&1&1\\0&1&1&0&1&0\\0&0&1&0&1&0\\0&0&0&1&0&1\\0&0&0&0&1&0\\0&0&0&0&0&1\end{pmatrix}.$$

3.1.2.2 几种特殊的关系

① 集合A上的空关系ϕ：ϕ是$A\times A$的子集，即ϕ是A上的关系.

② 集合A上全域关系E_A：$E_A=\{<a,b>|a\in A 且 b\in A\}=A\times A$.

③ 集合A上恒等关系I_A：$I_A=\{<a,a>|a\in A\}$.

④ 集合A上小于等于关系“≤”：$A\subseteq R$，“≤”$=\{<a,b>|a,b\in A 且 a\leqslant b\}$.

⑤ 集合A上整除关系D：$A\subseteq \mathbf{Z}^+, D=\{<a,b>|a,b\in A 且 a|b\}$.

⑥ 集合A上模r同余关系M：$A\subseteq \mathbf{Z}, M=\{<a,b>|(a-b)/r 为整数，a,b\in A\}$，$r$为正整数. 例如$A=\{1,2,3,4,5\}$，$R=\{<a,b>|(a-b)/3 为整数，a,b\in A\}$，则$R=\{<1,1><2,2><3,3><4,4><5,5>,<1,4><4,1><2,5><5,2>\}$

⑦ 集合A上自反关系：R为A上二元关系，任意$a\in A$，若$<a,a>\in R$，则称R是自反的，若$<a,a>\notin R$，称R是反自反的，由③可知，若R自反的$\Leftrightarrow I_A\subset R$.

⑧ 集合A上对称关系A：R为A上二元关系，对任意$a,b\in A$，若$<a,b>\in R$必有$<b,a>\in R$，则称R是对称的.

⑨ 集合A上反对称关系：R为A上二元关系，对任意$a,b\in A$，若$<a,b>\in R$且$<b,a>\in R$，则必有$a=b$，称R是反对称的.

⑩ 集合A上传递关系：R为A上二元关系，对任意$a,b,c\in A$，若$<a,b>\in R$且$<b,c>\in R$，则必有$<a,c>\in R$，称R是传递的. 但若没有$<a,b>\in R$，$<b,c>\in R$，当然也就不需要讨论是否有$<a,c>\in R$.

注：

① 空关系R的关系矩阵为零矩阵，全域关系E_A的关系矩阵所有元素均为1，恒等关系I_A的关系矩阵为单位阵.

② 自反关系的关系矩阵的主对角线上元素均为1，反自反关系的关系矩阵的主对角线上元素均为0，对称关系的关系矩阵的元素关于主对角线对称，反对称关系的关系矩阵关于主对角线对称的元素不同时为1.

3.1.2.3 关系的运算

因为关系也是集合，所以集合的所有运算都可以在关系中进行. 此外关系还可以进行逆运算、复合运算、幂运算以及闭包运算等.

（1）逆运算

R是从A到B的二元关系，则$R^{-1}=\{<b,a>|<a,b>\in R\}$称为$R$的逆关系. 它们的关系矩阵互为转置矩阵.

例如：设$A=\{1,2,3\}$，A上“≤”关系$R=\{<1,2><1,3><2,3>\}$的逆关系$R^{-1}=\{<2,1><3,1><3,2>\}$.

（2）复合运算

R 是从 A 到 B 的二元关系，S 是从 B 到 C 的二元关系，则 $R\circ S$ 表示 R 和 S 的复合. 即 $R\circ S=\{<a,b>|a\in A,c\in C$ ，且存在 $b\in B$ ，使 $<a,b>\in R,<b,c>\in S\}$.

例 3-5 设 $A=\{1,2,3,4\}$ ，A 上关系 $R=\{<1,1><1,2><2,4>\}$ ，$S=\{<1,4><2,3><2,4><3,2>\}$ 求 $R\circ S$ 和 $S\circ R$.

解 $R\circ S=\{<1,4><1,3>\}$ ，$S\circ R=\{<3,4>\}$.

由例 3-5 可知一般情况下 $R\circ S\neq S\circ R$

$$\boldsymbol{M}_R=\begin{pmatrix}1&1&0&0\\0&0&0&1\\0&0&0&0\\0&0&0&0\end{pmatrix},\ \boldsymbol{M}_S=\begin{pmatrix}0&0&0&1\\0&0&1&1\\0&1&0&0\\0&0&0&0\end{pmatrix},\ \boldsymbol{M}_{R\circ S}=\begin{pmatrix}0&0&1&1\\0&0&0&0\\0&0&0&0\\0&0&0&0\end{pmatrix}$$

利用逻辑运算

0+0=0，0+1=1+0=1+1=1，0×0=0×1=1×0=0，1×1=1.

则 $\boldsymbol{M}_R\times\boldsymbol{M}_S=\boldsymbol{M}_{R\circ S}$ ，因此求关系的复合可利用关系矩阵作乘法而得.

（3）幂运算

设 R 是 A 上的二元关系，$n\in\mathbf{N}$ ，R 的 n 次幂记作 R^n ，其为 R 与其本身复合 $(n-1)$ 次，特别地 $n=0$ 时，$R^0=I_A$.

例 3-6 设 $A=\{1,2,3,4\}$ ，R 是 A 上的关系，且 $R=\{<1,2><2,1><2,3><3,4>\}$ ，求 R^0 ，R^2 ，R^3 ，R^4 ，R^5 .

解 $R^0=I_A$ ，$R^2=\{<1,1><1,3><2,2><2,4>\}$

$R^3=\{<1,2><1,4><2,1><2,3>\}$ ，$R^4=R^2$ ，$R^5=R^3$.

（4）闭包运算

关系的闭包运算就是在一个关系 R 中尽可能少地添补一些序偶，以使新的关系满足某一特殊性质的过程. 关系 R 的闭包主要有三种，即自反闭包、对称闭包和传递闭包，分别记为 $r(R)$ ，$s(R)$ 和 $t(R)$. 下面给出它们的求法，证明从略.

$$r(R)=R\cup I_A,s(R)=R\cup R^{-1}$$

$$t(R)=R\cup R^2\cup R^3\cup\cdots=\bigcup_{n=1}^{\infty}R^n .$$

例 3-7 $A=\{1,2,3,4\}$ ，$R=\{<1,2><2,1><2,3><3,4>\}$ ，求 $r(R)$ ，$s(R)$ 和 $t(R)$.

解 $r(R)=R\cup I_A=\{<1,1><2,2><3,3><4,4><1,2><2,1><2,3><3,4>\}$

$s(R)=R\cup R^{-1}=\{<1,2><2,1><2,3><3,2><3,4><4,3>\}$

$R^2=R\circ R==\{<1,1><1,3><2,2><2,4>\}$

$R^3=R^2\circ R==\{<1,2><1,4><2,1><2,3>\}$

$R^4=R^3\circ R==\{<1,1><1,3><2,2><2,4>\}=R^2$

因此

$$t(R)=R\cup R^2\cup R^3$$
$$=\{<1,2><2,1><2,3><3,4><1,1><1,3><2,2><2,4><1,4>\}.$$

类似地，闭包运算也可用关系矩阵求得，留给读者自己练习.

3.1.2.4 等价关系

定义 3-2 设 R 是集合 A 上的二元关系，若 R 是自反的、对称的和传递的，则称 R 是 A 上的等价关系. 若 aRb，则称 a 和 b 是等价的，对于每个 $a\in A$，与 a 等价的所有元素组成的集合称为由 a 生成的关系 R 的等价类，记为 $[a]_R$. 即

$$[a]_R=\{x|x\in A, xRa\}.$$

例 3-8 证明整数集上模 3 同余关系 $R=\{<a,b>|(a-b)/3\text{为整数}, a,b\in\mathbf{Z}\}$，是 $\mathbf{Z}$ 上的等价关系，并求所有等价类.

证明 ① 证明 R 是自反的. 任取 $a\in\mathbf{Z}$，因为 $(a-a)=0\times3$，即 $<a,a>\in R$.

② 证明 R 是对称的. 任取 $a,b\in\mathbf{Z}$，并且 $(a-b)/3$ 为整数，即有 $a-b=3m$，m 为整数，则 $b-a=3(-m)$，即 $<b,a>\in R$.

③ 证明 R 是传递的. 任取 $a,b,c\in\mathbf{Z}$，且 $a-b=3m$，$b-c=3n$，m,n 为整数，则 $a-c=3m+3n=3(m+n)$，即 $<a,c>\in R$.

由①、②、③可知 R 为等价关系.

因为两个整数模 3 余数相等，则必为模 3 同余的，由于模 3 的余数只有 $r=0,1,2$ 三种，所以模 3 同等关系有 3 个等价类.

$$[0]_R=\{\cdots,-9,-6,-3,0,3,6,9,\cdots\},$$
$$[1]_R=\{\cdots,-8,-5,-2,1,4,7,\cdots\},$$
$$[2]_R=\{\cdots,-7,-4,-1,2,5,8,\cdots\}.$$

设 A 是非空集合，若 $A_i\subseteq A, A_i\neq\phi, i=1,2,\cdots,n$. 若 $\bigcup_{i=1}^{n}A_i=A$ 且 $A_i\cap A_j=\phi(i,j=1,2,\cdots,n,i\neq j)$，则称 $\Pi=\{A_1,A_2,\cdots A_n\}$ 是 A 的一个划分，且每一个 A_i 称为 Π 的一个划分块. 设 R 是 A 上的等价关系，关于 R 的等价类全体组成的集合称为 A 上关于 R 的商集，记为 A/R，那么 $A/R=\{[a]_R|a\in A\}$. 显然商集是集合 A 的一个划分. 因此给定 A 上一个等价关系，就可以确定一个 A 的划分. 反之，给定 A 的一个划分，同样可以确定一个等价关系与之对应.

例 3-9 设 $A=\{1,2,3\}$，求 A 上所有的等价关系.

解 集合 A 的所有划分为

$$\Pi_1=\{\{1\},\{2\},\{3\}\}, \Pi_2=\{\{1\},\{2,3\}\}, \Pi_3=\{\{1,2\},\{3\}\}$$
$$\Pi_4=\{\{1,3\},\{2\}\}, \Pi_5=\{\{1,2,3\}\}$$

由划分取得 A 上所有的等价关系为

$$R_1=I_A, R_2=I_A\cup\{<2,3>,<3,2>\}, R_3=I_A\cup\{<1,2>,<2,1>\}$$
$$R_4=I_A\cup\{<1,3>,<3,1>\}, R_5=A\times A.$$

3.1.2.5 偏序关系

集合中还有一种重要关系：次序关系. 它可以用来比较集合中元素的次序，其中最常用的是偏序关系和全序关系.

（1）偏序关系和全序关系

定义 3-3 设 R 是集合 A 上的二元关系，若 R 是自反的、反对称的和传递的，则称 R 是 A 上的偏序关系. 偏序关系一般用“≤”表示，此时“≤”是广义，不一定代表比较两实数时“小于等于”的含义，但是仍然读作“小于等于”。若集合 A 上具有偏序关系 R，则称 A 是偏序集，记作 $<A,R>$。若 A 中任意两个元素都有偏序关系 R，称 R 为 A 上全序关系，而该集合 A 称为全序集.

例 3-10 设 $A=\{2,3,4,5,6,12,24,30\}$，R 是集合 A 上的整除关系，证明 R 是偏序关系.

证明 ① 对于任意$a \in A$，都有a整除a，即aRa，所以R是自反的.

② 对于任意$a,b \in A$，若a整除b，并且b整除a，因此存在整数m,n，使$b=am,a=nb$，即$b=mnb,mn=1$，从而$m=n=1$，即$a=b$，所以R是反对称的.

③ 对于任意$a,b,c \in A$，若a整除b，b整除c，即存在整数m,n，使$b=ma,c=nb$，从而$c=mna$，即a整除c，所以R是传递的.

综上所述，R是偏序关系.

（2）哈斯图

偏序集R可以用图形表示，该图叫做哈斯图，是对关系图的简化。由偏序关系是自反的，因此可在图上省去自环；由于偏序关系是反对称的，因此可省去箭头，并规定箭头指向的元素位于上方；由于偏序关系是传递的，即若有aRb，bRc必有aRc，因此省去a与c之间的连线.

例 3-11 画哈斯图：① $A=\{1,2\}$，R为包含关系；② $A=\{2,3,6,12,24,36\}$，R为整除关系.

解 见图 3-1.

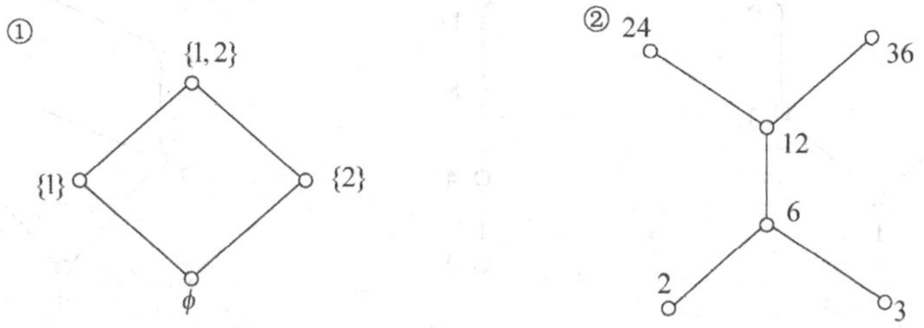

图 3-1

（3）偏序集合中的特殊元素

在一个偏序集$<A,R>$中，有一些元素具有某些独特的属性. 下面把这些特殊元素列在表 3-1 中，其中$B \subseteq A$是A的一个子集.

表 3-1

特殊元	定 义
最大元 b	存在一个元素 $b \in B$，对任意的 $a \in B$，都有 $a \leqslant b$
最小元 b	存在一个元素 $b \in B$，对任意的 $a \in B$，都有 $b \leqslant a$
极大元 b	存在一个元素 $b \in B$，不存在 $a \in B$，$b \neq a$，且 $b \leqslant a$
极小元 b	存在一个元素 $b \in B$，不存在 $a \in B$，$b \neq a$，且 $a \leqslant b$
上界 a	存在一个元素 $a \in A$，对任意的 $b \in B$，都有 $b \leqslant a$
上确界 a	若 $a \in A$ 是 B 的上界且对 B 的每个上界 b，都有 $a \leqslant b$
下界 a	存在一个元素 $a \in A$，对任意的 $b \in B$，都有 $a \leqslant b$
下确界 a	若 $a \in A$ 是 B 的上界且对 B 的每个上界 b，都有 $b \leqslant a$

例 3-12 设$A=\{1,2,3,4,5\}$，A上二元关系$R=\{<1,1><2,2><2,3><3,4><4,4><5,3><5,4><5,5>\}$.

① 证明R是A上偏序关系，画出其哈斯图.

② $B=\{2,3,4,5\}$，求B的最大元，最小元，极大元，极小元，上确界，下确界.

解 ① 因为R是自反的，反对称的和传递的，所以R是A上的偏序关系. $<A,R>$为偏序集. $<A,R>$的哈斯图如图 3-2 所示.

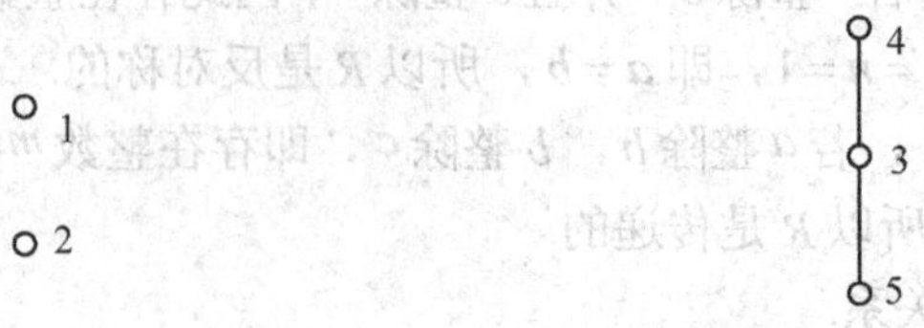

图 3-2

② B 无最大、最小元，极大元为 1，2，4，极小元为 1，2，5，无上、下确界.

例 3-13 对下列集合中的整除关系画出哈斯图，并指出哪些是全序集. 写出下列集合中的最大元，最小元，极大元，极小元.

① {1，2，3，4，6}；② {2，4，8，16}；③ {1，3，5，9，15，4，5}.

解 各集合中的整除关系的哈斯图如图 3-3 所示。

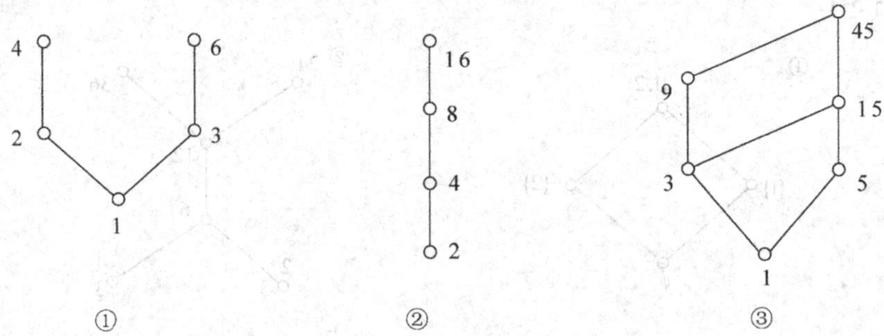

图 3-3

图 3-3 中① 不是全序集：

因为 2 不能整除 3，3 不能整除 2，即 2，3 不能比较.

无最大元，最小元为 1，极大元为 4，6，极小元为 1.

图 3-3 中②是全序集：

最大元为 16，最小元为 2，极大元为 16，极小元为 2.

图 3-3 中③不是全序集：

因为 3，5 不能比较，

最大元为 45，最小元为 1，极大元为 45，极小元为 1.

3.1.2.6 函数

在初等数学、高等数学中已经多次接触函数的概念，这一部分从关系的角度来讨论函数，对于复合函数、反函数等概念在此就不再复述了.

定义 3-4 设 A 和 B 是两个集合，f 是从 A 到 B 的二元关系，若具有如下性质.

① f 的定义域 $\mathrm{dom} f = A$.

② 若$<a,b>\in f$，$<a,b'>\in f$，则$b=b'$. 则称关系 f 是 A 到 B 的函数，记为 $f:A\to B$，称 b 为 a 的像，a 为 b 的原像，记为 $b=f(a)$. f 的值域记为 R_f，又称 f 为 A 到 B 的映射. 若 $R_f=B$，称 f 为满射. 若 $a,b\in A, a\neq b$，则有 $f(a)\neq f(b)$，称 f 为入射. 若 f 既是满射，又

是入射，则称 f 为双射.

例 3-14 设 **N** 是自然数集，确定下列函数中哪一个是双射？满射？入射？

① $f:\mathbf{N}\to\mathbf{N}, f(n)=n^2+1$.

② $f:\mathbf{N}\to\mathbf{N}, f(n)=n(\mathrm{mod}\,3)$.

③ $f:\mathbf{N}\to\{0,1\}, f(n)=\begin{cases}1, & n\text{为奇数}\\ 0, & n\text{为偶数}\end{cases}$

解 ① f 是入射，不是满射. 因为对于 $m\ne n, m^2+1\ne n^2+1$，即 $f(m)\ne f(n)$，所以 f 是入射. 对于 4 不存在 n，使 $f(n)=n^2+1=4$，所以 f 不是满射.

② f 不是满射，不是入射. 因为 $f(5)=5(\mathrm{mod}\,2)=2=2(\mathrm{mod}\,3)=f(2)$，所以 f 不是入射，又对于 4，不存在 n 使得 $f(n)=4$，实际上此函数的值域为{0，1，2}，所以 f 不是满射.

③ f 是满射，不是入射. 因为 $f(2)=f(4)=0$.

例 3-15 设 $A=\{1,2,3,4\}, B=\{a,b,c,d\}$，确定下列①～⑤的每个关系是不是 A 到 B 的一个函数. 如果是一个函数，找出其定义域和值域，并确定它是不是入射、满射. 若是双射，那么用有序数对的集合描述逆函数.

① $R_1=\{<1,a><2,a><3,c><4,b>\}$

解 R_1 是函数，但既不是入射也不是满射，$\mathrm{dom}R_1=A, \mathrm{ran}R_1=\{a,b,c\}$

② $R_2=\{<1,c><2,a><3,b><4,c><2,d>\}$

解 R_2 不是函数，因为出现了 $<2,a>$ 和 $<2,d>$.

③ $R_3=\{<1,c><2,d><3,a><4,b>\}$

解 R_3 是函数，是双射，$\mathrm{dom}R_3=A, \mathrm{ran}R_3=B$

逆函数为 $R_3^{-1}=\{<c,1><d,2><a,3><b,4>\}$.

④ $R_4=\{<1,d><2,d><4,a>\}$

解 R_4 不是函数，因为 $3\in A$，但没有 B 中元素与它对应.

⑤ $R_5=\{<1,b><2,b><3,b><4,b>\}$

解 R_5 是函数，但不是入射也不是满射，$\mathrm{dom}R_5=A, \mathrm{ran}R_5=\{b\}$

3.2 数理逻辑

逻辑学是一门研究人类思维规律的科学. 由于它的普遍适用性，推理规则应当具有与任一具体的科学论证或科学内容无关. 这使得逻辑学必须使用一种所谓的形式语言. 数理逻辑是用数学的方法来研究形式逻辑的一门学科.

3.2.1 命题逻辑

命题逻辑也称命题演算，记为 L_S. 它与谓词逻辑构成数理逻辑的基础，命题逻辑又是谓词逻辑的基础. 命题逻辑是确定由命题为基础单位构成的前提和结论之间的推理关系.

3.2.1.1 命题

凡是能判断其真假的陈述句叫作命题. 作为命题的陈述句表达的判断只有两种情况：真和假. 这种结果称为命题的真值. 真用 1 或 T 表示，假用 0 或 F 表示. 命题一般用大写字母 $P,Q,R,\cdots$ 表示，表示命题的符号称为命题标识符.

例 3-16 判断下列语句是否为命题.

① 北京是中国的首都.

② 你到哪里去?

③ 请勿吸烟.

④ 成都是辽宁省省会.

⑤ 雪是黑色的.

⑥ 1+1=10.

⑦ 火星上有生命.

⑧ 我不说真话.

解 上述语句中，①、④、⑤、⑥、⑦是命题. 其中语句①为真，语句④、⑤为假，语句⑥在二进制中为真，在其他进制中为假，语句⑦目前还无法判断真假，随着科学技术的发展，其真假是会知道的. 语句②是疑问句，语句③是祈使句，语句⑧虽是陈述句，但无法判断真假，这种句子被称为悖论.

3.2.1.2 命题联结词

如果一个命题再也不能分解成更为简单的语句，称这个命题为原子命题. 原子命题是命题逻辑的基本单位、由原子命题、命题联结词和圆括号构成的命题称为复合命题. 下面我们介绍几种常用的联结词.

（1）否定$\neg P$

设P是一个命题，$\neg P$读作“非P”，称$\neg$为否定联结词，表示“P是不对的”，$\neg P$与P的真假情况如下表.

P	$\neg P$
0	1
1	0

（2）合取$P\wedge Q$

设P和Q为两个命题，$P\wedge Q$读作“P且Q”，称$\wedge$为合取联结词.

（3）析取$P\vee Q$

设P和Q为两个命题，$P\vee Q$读作“P或Q”，称$\vee$为析取联结词.

（4）条件$P\to Q$

设P和Q为两个命题，$P\to Q$读作“如果P那么Q”，称$\to$为条件联结词.

（5）双条件$P\rightleftarrows Q$

设P和Q为两个命题，$P\rightleftarrows Q$读作“P当且仅当Q”，称$\rightleftarrows$为双条件联结词.

以上四种联结词的真值与P，Q的真值关系如下表.

P	Q	$P\wedge Q$	$P\vee Q$	$P\to Q$	$P\rightleftarrows Q$
0	0	0	0	1	1
0	1	0	1	1	0
1	0	0	1	0	0
1	1	1	1	1	1

例 3-17 将下列命题符号化.

① 3 不是偶数.

② 小王是三好学生，但不是优秀团员.

③ 小李有 10 元或 20 元钱.

④ 派小王或小张出差.

⑤ 如果天下雨，他就打车.

⑥ 我上街，当且仅当你上街去.

解　① 令 P：3 是偶数；命题符号化为 $\neg P$.

② 令 P：小王是三好学生，Q 是优秀团员；命题符号化为 $P \wedge \neg Q$.

③ 此命题中的或是或许、大概的意思，故不可再分解，可直接设为 P.

④ 令 P：派小王出差，Q 派小张出差；命题符号化为 $P \vee Q$.

⑤ 令 P：天下雨，Q 他打车；命题符号化为 $P \to Q$.

⑥ 令 P：我上街，Q 你上街；命题符号化为 $P \rightleftarrows Q$.

3.2.1.3　命题公式

在命题逻辑中，命题又有命题常元和命题变元之分. 一个具体的命题称为命题常元，一个不确定的泛指的命题，称为命题变元. 显然命题变元不是命题，只有用一个特定命题取代才能确定它的真值. 由命题变元及命题联结词，我们可以得到更为复杂的命题公式.

一般情况下，命题公式由单个命题变元或由多个命题变元经有限次用命题联结词联合构成. 当命题公式比较复杂时，常常使用很多圆括号. 对于命题公式中的命题变元指派一个真或假的值，那么公式相应地有确定的真值，把这些真值列表，称为真值表.

例 3-18　求出下列公式的真值表.

① $\neg P \vee Q$；② $\neg(P \rightleftarrows Q)$；③ $Q \to (\neg P \vee Q)$；④ $(P \vee Q) \wedge (\neg P \wedge \neg Q)$.

解　公式①、②的真值表如下.

P	Q	$\neg P$	$\neg P \vee Q$	$P \rightleftarrows Q$	$\neg(P \rightleftarrows Q)$
0	0	1	1	1	0
0	1	1	1	0	1
1	0	0	0	0	1
1	1	0	1	1	0

公式③的真值表如下.

P	Q	$\neg P \vee Q$	$Q \to (\neg P \vee Q)$
0	0	1	1
0	1	1	1
1	0	0	1
1	1	1	1

公式④的真值表如下.

P	Q	$P \vee Q$	$\neg P$	$\neg Q$	$\neg P \wedge \neg Q$	$(P \vee Q) \wedge (\neg P \wedge \neg Q)$
0	0	0	1	1	1	0
0	1	1	1	0	0	0
1	0	1	0	1	0	0
1	1	1	0	0	0	0

其中，公式①、②真值有时为真，有时为假；公式③的真值全为 1，这样的公式称为永真公式. 公式④的真值全为 0，这样的公式称为永假公式. 当且仅当一个公式不是永假时，称其为可满足的.

3.2.1.4　公式的等价和蕴含

公式 A 和 B 中的所有变元为 $P_1, P_2, \cdots, P_n$，若公式 A，B 在上述 n 个变元任意指派下，具有相同的真值，称 A 和 B 是等价的，记作 $A \Leftrightarrow B$．若在相同指派下，A 为真，必有 B 为真，称 A 蕴含 B，记作 $A \Rightarrow B$，对于常用的等价和蕴含的公式列表如表 3-2、表 3-3 所示．

表 3-2 常用等价关系

①	$P \wedge P \Leftrightarrow P, P \vee P \Leftrightarrow P$
②	$\neg\neg P \Leftrightarrow P$
③	$(P \wedge Q) \wedge R \Leftrightarrow P \wedge (Q \wedge R)$，$(P \vee Q) \vee R \Leftrightarrow P \vee (Q \vee R)$
④	$P \wedge Q \Leftrightarrow Q \wedge P$，$P \vee Q \Leftrightarrow Q \vee P$
⑤	$P \wedge (Q \vee R) \Leftrightarrow (P \wedge Q) \vee (P \wedge R)$，$P \vee (Q \wedge R) \Leftrightarrow (P \vee Q) \wedge (P \vee R)$
⑥	$P \wedge (P \vee Q) \Leftrightarrow P$，$P \vee (P \wedge Q) \Leftrightarrow P$
⑦	$\neg(P \wedge Q) \Leftrightarrow \neg P \vee \neg Q$，$\neg(P \vee Q) \Leftrightarrow \neg P \wedge \neg Q$
⑧	$P \wedge 1 \Leftrightarrow P, P \vee 0 \Leftrightarrow P$
⑨	$P \wedge 0 \Leftrightarrow 0, P \vee 1 \Leftrightarrow 1$
⑩	$P \wedge \neg P \Leftrightarrow 0, P \vee \neg P \Leftrightarrow 1$
⑪	$P \to Q \Leftrightarrow \neg P \vee Q$

表 3-3 常用蕴含关系

①	$P \wedge Q \Rightarrow P, P \wedge Q \Rightarrow Q$
②	$1 \to P \Rightarrow P$
③	$P \Rightarrow P \wedge Q$
④	$\neg P \Rightarrow P \to Q$
⑤	$Q \Rightarrow P \to Q$
⑥	$\neg(P \to Q) \Rightarrow P, \neg(P \to Q) \Rightarrow \neg Q$
⑦	$P \wedge (P \to Q) \Rightarrow Q$
⑧	$\neg Q \wedge (P \to Q) \Rightarrow \neg P$
⑨	$\neg P \wedge (P \vee Q) \Rightarrow Q$
⑩	$(P \to Q) \wedge (P \to R) \Rightarrow P \to R$
⑪	$(P \vee Q) \wedge (P \to R) \wedge (Q \to R) \Rightarrow R$
⑫	$(P \to R) \wedge (Q \to S) \Rightarrow P \wedge Q \to R \wedge S$
⑬	$(P \to R) \wedge (Q \to R) \Rightarrow P \to (Q \wedge R)$
⑭	$(P \to R) \wedge (Q \to R) \Rightarrow (P \vee Q) \to R$

例 3-19 证明 $P \to (Q \to R) \Leftrightarrow (P \wedge Q) \to R \Leftrightarrow Q \to (P \to R)$.

证明 因为

$$P \to (Q \to R) \Leftrightarrow \neg P \vee (\neg Q \vee R) \Leftrightarrow \neg P \vee \neg Q \vee R$$

$$(P \wedge Q) \to R \Leftrightarrow \neg(P \wedge Q) \vee R \Leftrightarrow \neg P \vee \neg Q \vee R$$

$$Q \to (P \to R) \Leftrightarrow \neg P \vee (\neg Q \vee R) \Leftrightarrow \neg P \vee \neg Q \vee R$$

所以

$$P \to (Q \to R) \Leftrightarrow (P \wedge Q) \to R \Leftrightarrow Q \to (P \to R).$$

例 3-20 证明 $(\neg P \wedge (\neg Q \wedge R)) \vee (Q \wedge R) \vee (P \wedge R) \Leftrightarrow R$.

证明 $(\neg P \wedge (\neg Q \wedge R)) \vee (Q \wedge R) \vee (P \wedge R)$

$\Leftrightarrow ((\neg P \wedge \neg Q) \wedge R) \vee ((Q \vee P) \wedge R)$

$\Leftrightarrow (\neg(P \wedge Q) \wedge R) \vee ((P \vee Q) \wedge R)$

$\Leftrightarrow (\neg(P \wedge Q) \vee (P \vee Q) \wedge R$

$\Leftrightarrow 1 \wedge R$

$\Leftrightarrow R.$

例 3-21　证明 $((P \vee Q) \wedge \neg(\neg P \wedge (\neg Q \vee \neg R))) \vee (\neg P \wedge \neg Q) \vee (\neg P \wedge \neg R)$ 是永真式.

证明　原式 $\Leftrightarrow ((P \vee Q) \wedge (P \vee (Q \wedge R))) \vee (\neg P \wedge (\neg Q \wedge \neg R))$

$\Leftrightarrow (P \vee (Q \wedge (Q \wedge R)) \vee (\neg P \wedge \neg(Q \wedge R))$

$\Leftrightarrow (P \vee (Q \wedge R) \vee T(P \vee (Q \wedge R))$

$\Leftrightarrow 1$

例 3-22　试证 $P \Rightarrow Q \vee \neg(P \to Q)$.

证明　方法 1：

设 P 为真，来证 $Q \vee \neg(P \to Q)$ 为真

① 若 Q 为真，则 $Q \vee \neg(P \to Q)$ 为真.

② 若 Q 为假，则 $P \to Q$ 为假，于是 $Q \vee \neg(P \to Q)$ 为真.

方法 2：

设 $Q \vee \neg(P \to Q)$ 为假，来证 P 为假。事实上，此时必有 Q 为假，$P \to Q$ 为真，于是 P 为假.

3.2.1.5　命题逻辑的推理理论

推理也称论证，它是指由已知命题得到新的命题的思维过程，其中已知命题称为推理的前提或假设，推理的新命题称为推理的结论.

在推理逻辑中，集中注意研究的是提供用来从前提导出结论的推理规则和论证原理，与这些有关的理论称为推理理论.

（1）有效推理

设 $H_1, H_2, \cdots, H_n$ 和 C 都是命题公式，若前者共同蕴含 C，即

$$H_1 \wedge H_2 \wedge \cdots \wedge H_n \Rightarrow C$$

成立，则称 C 为 $H_1, H_2, \cdots, H_n$，这 n 个前提的有效结论.

（2）推理规则

在数理逻辑中，从前提推导出结论，依据事先提供的公认的推理规则，它们分别如下.

P 规则（前提引入规则）：一个前提，可以在推理过程任意一步引入使用.

T 规则（结论引入规则）：在推理过程中，前面已导出的有效结论可以作为后续推理的前提引入.

CP 规则：若推出的有效结论为 $P \to Q$ 的形式，可以把 P 作为附加前提加入到前提中，然后再推出 Q 即可.

例 3-23　证明 $(A \vee B) \to (M \wedge N), A \vee P, P \to (Q \vee S), \neg Q \wedge \neg S \Rightarrow M$.

证明　① $\neg Q \wedge \neg S$　　P;

② $\neg(Q \vee S)$　　T;①

③ $P \to (Q \wedge S)$　　P;

④ $\neg P$　　T;②③

⑤ $A \vee P$　　P;

⑥ A　　T;④⑤

⑦ $A \vee B$　　T;⑥

⑧ $(A \vee B) \to (M \wedge N)$　　P

⑨ $M \wedge N$ T;⑦⑧

⑩ M T;⑨

例 3-24 证明 $P \to (Q \to R), Q, P \wedge \neg S \Rightarrow S \to R$.

证明 ① S CP;

② $P \vee \neg S$ P;

③ P T;①②

④ $P \to (Q \to R)$ T;①②

⑤ $Q \to R$ T;③④

⑥ Q P;

⑦ R T;⑤⑥

例 3-25 试用反证法证明 $S \vee A, A \to (Q \wedge R), Q \to W \Rightarrow W \vee S$.

证明 ① $\neg(W \vee S)$ P;（附加前提）

② $\neg W \wedge \neg S$ T;①

③ $\neg W$ T;②

④ $Q \to W$ P;

⑤ $\neg Q$ T;③④

⑥ $\neg S$ T;②

⑦ $S \vee A$ P;

⑧ A T;⑥⑦

⑨ $A \to (Q \wedge R)$ P;

⑩ $Q \wedge R$ T;⑧⑨

⑪ Q T;⑩

⑫ $Q \wedge \neg Q$ T;⑤⑪

例 3-26 判断下述推理是否正确.

一个侦探在调查了某珠宝店的钻石盗窃案后，根据以下事实：

① 营业员 A 或 B 盗窃了钻石项链；

② 若 A 作案，则作案不在营业时间；

③ 若 B 提供证词正确，则货柜未上锁；

④ 若 B 提供证词不正确，则作案发生在营业时间；

⑤ 货柜上了锁.

推理是 B 盗了项链.

解 将推理过程符号化，令 P：营业员 A 盗了项链，Q：作案发生在营业时间，R：B 提供证词正确，T：货柜上了琐.

前提：$P \vee \neg P; P \to \neg Q; R \to \neg T; \neg R \to Q, T$.

结论：$\neg P$

证明 ① T P;

② $R \to \neg T$ P;

③ $\neg R$ T;①②

④ $\neg R \to Q$ P

⑤ Q T;③④

⑥ $P \to \neg Q$ P

⑦ $\neg P$ T;⑤⑥

即题干中推理是正确的，确实是 B 盗了项链.

3.2.2 谓词逻辑

在命题逻辑中，把命题分解到原子命题为止，认为原子命题是不能再分解的. 仅仅研究原子命题为基本单位的复合命题之间的逻辑关系和推理，这样有些推理用命题逻辑就难以确切地表示出来，例如，著名的“苏格拉底三段论”推理如下.

所有的人都是要死的；

苏格拉底是人；

所以苏格拉底是要死的.

根据常识这个推理是正确的. 但是在命题逻辑中无法表示其推理过程.

因为，如果用 P,Q,R 分别表示上述三个命题，则有 $P \wedge Q \Rightarrow R$. 显然由命题逻辑推理无法完成上述推理，究其原因在于 P,Q,R 无法体现其内在联系，只有对这种内在的逻辑关系进一步分析研究，才能进一步解决形式逻辑中的一些推理问题.

于是，我们引入谓词的概念，因此产生的一些逻辑关系的基本理论，称为谓词逻辑，简称为 L_P.

3.2.2.1 谓词和量词

在谓词逻辑中，将原子命题分解为谓词与个体两部分. 原子命题所描述的对象称为个体，它可以是具体的，也可以是抽象的，例如张三、计算机、物质等. 而原子命题中描述个体的性质和关系的部分称谓词，与一个个体相联系时，称为一元谓词，与 n 个个体联系时，称为 n 元谓词.

一般情况下，谓词用大写英文字母表示，如 $P,Q,R,\cdots$，个体用小写字母表示，如 $a,b,x,\cdots$，表示具体的个体的小写字母称为个体常量，若不特指某一个体，称为个体变量，其取值范围，称为个体域.

包含个体变量的谓词表达式称为命题函数，其本身不是命题，因为它不含有具体的个体。所以命题函数无所谓真或假。用具体个体代入命题函数可以使其转变为一个命题.

在 L_P 中，需要引入用以描述“所有的”“存在一些”等表示不同数量的词，即量词. 用量词也可以把一个命题函数转化为命题. 量词分为全称量词和存在量词两种.

全称量词（$\forall x$），读作“所有的 x”. 它是由全称量词的符号 $\forall$ 和被该量词限定的变量 x 两部分组成.

存在量词（$\exists x$），读作“有一个（至少有一个）x”。它是由量词符号 $\exists$ 和被限定的变量 x 组成.

例 3-27 把下列命题符号化.

① 张三是大学生.

② 张三与李四是同学.

③ 每个自然数都是有理数.

④ 所有的大学生都爱国.

⑤ 一些大学生爱上网.

⑥ 有些自然数是合数.

解 令$S(x)$：x是大学生，$L(x)$：x热爱国，$N(x)$：x是自然数，a张三，b李四，$P(x,y)$：x与y是同学，$Q(x)$：x爱上网，$R(x)$: x是合数，$T(x)$：x是有理数. 则例题中各个命题分别表示如下.

证明 ① $S(a)$

② $P(a,b)$

③ $(\forall x)(N(x)\to T(x))$

④ $(\forall x)(S(x)\to L(x))$

⑤ $(\exists x)(S(x)\wedge Q(x))$

⑥ $(\exists x)(N(x)\wedge R(x))$

注：谓词前加上了量词，称为谓词的量化. 若一个谓词中所有个体变量都量化了，则该谓词就变成了命题. 在命题符号化过程中，全称量词跟一个含条件的公式，存在量词跟一个合取的公式. 量词中的x称为指导变元，量词紧跟的公式称为其辖域.

3.2.2.2 谓词公式

类似于命题逻辑中的命题公式，在谓词逻辑中也有谓词公式. 我们引入了个体，命题函数，谓词和量词的概念，再结合命题逻辑中的联结词就可以构成谓词公式.

为了方便数学和计算机科学的逻辑问题及谓词表示的直觉清晰性，将引入项的概念.

所谓项就是用前文所提到的个体常量、个体变量及函数（数学中的函数）有限次生成的符号串. 函数的使用给谓词的表示带来很大方便. 例如，用谓词表示恒等式；对任意整数x，$x^2-1=(x+1)(x-1)$ 是恒等式。令 $I(x)$ ： x 是整数， $f(x)=x^2-1, g(x)=(x+1)(x-1)$ ，$E(x,y): x=y$，则该命题可表示成

$$(\forall x)(I(x)\to E(f(x),g(x))).$$

若$t_1,t_2,\cdots,t_n$是项，$P(x_1,x_2,\cdots,x_n)$是n元谓词，则$P(t_1,t_2,\cdots,t_n)$称为原子命题函数，谓词公式的递归定义如下.

① 原子命题函数是公式.

② 若A,B是公式，则$\neg A, A\wedge B, A\vee B, A\to B, A\rightleftarrows B$是公式.

③ 若A是公式，x是个体变量，则$(\forall x)A,(\exists x)A$都是公式.

④ 有限次使用①、②、③生成的符号串是公式.

与命题公式类似，谓词公式是一个符号串，经解释后才有具体意义. 一般情况下，L_P中的公式含有个体常量、个体变量、函数变量、谓词变量等，对各种变量用指定的特殊常量去代替，就构成了一个公式的解释.

一个解释I由下面4部分组成：

① 非空个体域D；

② D中部分特定元素$a,b,\cdots$

③ D上的一些特定函数$f,g,\cdots$

④ D上特定谓词，$P,Q,\cdots$

例 3-28 已知解释如下.

① $D=\{2,3\}$

② $a=2\in D$

③ 函数 $f(x)$ 为 $f(2)=3, f(3)=2$.

④ 谓词 $P(x)$ 为 $P(2)=0, P(3)=1, Q(i,j)=1, (i,j=2,3)$.

求公式 $(\exists x)(P(f(x)) \wedge Q(x,f(a)))$ 的真值.

解 $x=2$ 时，

$$P(f(x)) \wedge Q(2,f(a)) = P(3) \wedge Q(2,3) = 1 \wedge 1 = 1,$$

由 $(\exists x)$ 的定义知原式的真值为 1.

例 3-29 已知解释如下.

① 个体域 $D=\mathbf{N}$.

② $a=0 \in D, b=1 \in \mathbf{N}$.

③ $f(x,y)=x+y, g(x,y)=x \cdot y$.

④ $F(x,y)=x=y$.

求公式 $(\forall x)(\exists y)(F(f(x,a),y) \to F(g(x,b),y))$ 的真值.

解 原式 $=(\forall x)(\exists y)(F(x+0,y) \to F(1,y))$

$=(\forall x)(\exists y)((x=y) \to (x=y))=1$

注：在对公式进行解释的时候，对于 $(\exists x)$ 只要验证存在一个 x 使公式为 1，则原式为 1，而对 $(\forall x)$ 就要验证 D 中所有个体都使公式为 1，才能确定公式为 1.

为了下面的讨论，我们介绍一下变量的更名。若 x 为公式 A 中一个个体变量，它不在 $(\forall x)$ $(\exists x)$ 的辖域内出现，称其为自由变量，否则称为约束变量，在一个公式中某一变量可能既是自由变量又是自由变量. 为了避免发生混乱，可以对变量进行更名，其只能有一种形式出现，即自由出现或约束出现.

更名规则如下.

① 更名需要改变的变量符号的范围是量词中的指导变元，以及该量词辖域中此变元的所有约束出现，而公式的其余部分不变. 若需要更名的是自由变量，只要用公式中未出现过的变量代入，且处处代入.

② 更名时所新取的符号一定没有在量词的辖域内出现过.

例如 $(\forall x)(P(x) \to Q(x,y) \wedge R(x,y))$ 可以更名为

$$(\forall z)(P(z) \to Q(z,y) \wedge R(x,y))$$

不能更名为

$$(\forall y)(P(y) \to Q(y,y) \wedge R(x,y))$$

或

$$(\forall x)(P(x) \to Q(x,x) \wedge R(x,x))$$

3.2.2.3 谓词逻辑的推理理论

L_P 是 L_S 的进一步深化和发展，因此 L_S 的推理理论在 L_P 中仍然适用. 在 L_P 中，前提和结论中可能受到量词的约束，为了确定前提和结论间的内部联系，有必要消去和添加量词. 在介绍量词规则之前，先介绍一下在使用量词规则时的大前提. 若公式 $A(x)$ 中，若 x 不自由出现在量词 $\forall y$ 或 $\exists y$ 的辖域，则称 $A(x)$ 对于 y 是自由的. 也就是说 y 在 $A(x)$ 中不是约束出现，则 $A(x)$ 对于 y 一定是自由的. 在量词规则时，此前提是一定要满足的.

（1）量词消去规则

US 规则：$(\forall x)A(x) \Rightarrow A(c), (\forall x)A(x) \Rightarrow A(y)$.

其中，c 为任意个体常量，$A(x)$ 对 y 是自由的.

ES 规则：$(\exists x)A(x) \Rightarrow A(c), (\exists x)A(x) \Rightarrow A(y)$.

其中，c 为特定个体常量，c 或 y 不得在前提中或居先推导中出现或自由出现. 若 $A(x)$ 中有其他自由变量时，不能应用此规则.

在应用量词消去规则时，若全称量词，存在量词同时存在，应先消去存在量词，后消去全称量词，否则会犯错误.

（2）量词产生规则

UG 规则：$A(x) \Rightarrow (\exists y)A(y)$.

此规则要求 $A(x)$ 对 y 是自由的，$A(x)$ 对于 x 的任意取值都成立. 并对于由 ES 规则所得到的公式中的原约束变量及其在同一个原子公式的自由变量，都不能使用此规则.

EG 规则：$A(c) \Rightarrow (\exists y)A(y), A(x) \Rightarrow (\exists y)A(y)$，$c$ 为特定个体常量.

此规则要求，取代 c 的个体变量 y 不在 $A(c)$ 中出现，$A(x)$ 对 y 是自由的，并且若 $A(x)$ 是推导行中公式，且 x 由 ES 规划引入，那么不能用 $A(x)$ 中的 x 外的个体变量作约束变量，或者说 y 不得为 $A(x)$ 中的个体变量.

例 3-30 证明苏格拉底三段论.

所有人都是要死的；

苏格拉底是人；

所以苏格拉底是要死的.

证明 令 $M(x)$：x 是人，$D(x)$：x 是要死的，s：苏格拉底，则原题符号化为

$$(\forall x)(M(x) \to D(x)), M(s) \Rightarrow D(s)$$

① $(\forall x)(M(x) \to D(x))$　　P；

② $M(s) \to D(s)$　　US；①

③ $M(s)$　　P；

④ $D(s)$　　T；②③

例 3-31 证明 $(\forall x)(P(x) \to (Q(x) \wedge R(x))), (\exists x)(P(x) \wedge Q(x)) \Rightarrow (\exists x)(R(x) \wedge W(x))$.

证明 ① $(\forall x)(P(x) \to (Q(x) \wedge R(x)))$　　P；

② $(\exists x)(P(x) \wedge W(x))$　　P；

③ $P(y) \wedge W(y)$　　ES；②

④ $P(y) \to (Q(y) \wedge R(y))$　　US；①

⑤ $P(y)$　　T；③

⑥ $W(y)$　　T；③

⑦ $Q(y) \wedge R(y)$　　T；④⑤

⑧ $R(y)$　　T；⑦

⑨ $R(y) \wedge W(y)$　　T；⑥⑧

⑩ $(\exists x)R(x) \wedge W(x)$　　EG；⑨

3.3 数函数

数列是数学中常见的一种离散形式的函数，其通项称为数函数. 用 a_n 表示数列的第 n 项，即通项，则 $a_n = f(n)$ 为自然数 n 的函数. 数函数在数值计算中是一种十分有用的函数，下面

首先看一个简单的例子.

例 3-32 假设银行存款按每年 2%的复利计息. 若开始一年末（设为第 0 年末）存入 100 元，以后每年末比上一年末多存入 100 元，用 a_n 表示第 n 年末的本利和，求 a_1, a_2, a_n.

解 $a_0 = 100$， $a_1 = 100\times(1+0.02)+200 = 302$，

$$a_2 = 100\times(1+0.02)^2 + 200\times(1+0.02)+300 = 608.04,$$

……………………………

$$a_n = 100\times(1+0.02)^n + 200\times(1+0.02)^{n-1} + \cdots + (n+1)100$$
$$= 100\times[1.02^n + 2\times 1.02^{n-1} + \cdots + (n+1)]$$
$$1.02a_n = 100\times[1.02^{n+1} + 2\times 1.02^n + \cdots + (n+1)\times 1.02]$$
$$= 100\times[\frac{1.02\times(1-1.02^{n+1})}{1-1.02} - (n+1)]$$

整理得

$$a_n = 255000\times 1.02^{n+1} - 5000n - 260000$$

一个数列给出了若干项，有的时候我们可以通过观察猜测其通项，然后利用数学归纳法加以证明. 如 1，2，3，4，5，…，其通项为 $a_n = n$，面对于一般的数列很难通过观察得到数函数的表达式. 例如著名的斐波那契（Fibonacci）数列. 这个数列的最初两项是 $a_0 = 1, a_1 = 1$，而对于 $n \geqslant 2$，每一项都是前两项之和，即

1，1，2，3，5，8，13，21，…

一个数函数 $(a_0, a_1, a_2, \cdots, a_n, \cdots)$，对于任何自然数 $n > n_0$（n_0 是某一确定自然数），一个联系 a_n 和若干个 $a_i (i < n)$ 的方程叫做递推关系. 数函数的递推关系是一个差分方程，下面介绍一类简单的差分方程的解法.

一个具有如下形式的递推关系叫做常系数齐次线性差分方程.

$$c_0 a_n + c_1 a_{n-1} + \cdots + c_k a_{n-k} = 0.$$

其中，$c_i (i = 1, 2, \cdots, k)$ 是常数.

若 $c_0 \neq 0$ 和 $c_k \neq 0$，那么称之为 k 阶常系数齐次线性差分方程.

首先求出对应的特征方程

$$c_0 r^k + c_1 r^{k-1} + \cdots + c_k = 0$$

它的根（可以是复根）叫特征根，不妨设为 $r_1, r_2, \cdots, r_k$

则

$$a_n = A_1 r_1^n + A_2 r_2^n + \cdots A_k r_k^n$$

其中，$A_1, A_2, \cdots, A_r$ 是待定系数，可以通过数函数的若干项求得.

最后若特征根中有重根，设 r 为 m 重根，则可设对应解为

$$(A_1 n^{m-1} + A_2 n^{m-2} + \cdots + A_m) r^n.$$

例 3-33 试给出斐波那契数列

$$a_n = \begin{cases} 1 & n = 0, n = 1 \\ a_{n-1} + a_{n-2} & n \geqslant 2 \end{cases}$$

的通项.

解 该差分方程 $a_n - a_{n-1} - a_{n-2} = 0$ 的特征方程为

$$r^2 - r - 1 = 0$$

有两个特征根

$$r_1=\frac{1+\sqrt{5}}{2},r_2=\frac{1-\sqrt{5}}{2}$$

则斐波那契数列的通项

$$a_n=A_1\left(\frac{1+\sqrt{5}}{2}\right)^n+A_2\left(\frac{1-\sqrt{5}}{2}\right)^n$$

令 $n=0,n=1$ 可得

$$A_1+A_2=1,A_1\left(\frac{1+\sqrt{5}}{2}\right)^n+A_2\left(\frac{1-\sqrt{5}}{2}\right)^n=1$$

解这两个二元联立方程得

$$A_1=\frac{5+\sqrt{5}}{10},A_1=\frac{5-\sqrt{5}}{10}$$

最终斐波那契数列的通项为

$$a_n=\frac{5+\sqrt{5}}{10}\times\left(\frac{1+\sqrt{5}}{2}\right)^n+\frac{5-\sqrt{5}}{10}\times\left(\frac{1-\sqrt{5}}{2}\right)^n.$$

3.4 图论

图论起源于欧拉（Enler）的七桥问题. 图论作为分析处理多种问题的一种较为理想的数学方法，广泛应用于自然科学、社会科学的各个领域，特别在计算机科学中，从计算机的设计、操作系统研究到计算机网络等方向都在一定程度上用到图. 本节主要讨论图的一些基本概念和算法为以后的学习和研究打下基础.

3.4.1 图的基本概念

3.4.1.1 图的基本术语

① 图: 图是一个二元组 $G=<V,E>$，其中 $V=\{v_1,v_2,\cdots,v_n\}$，称为点集，$E=\{e_1,e_2,\cdots,e_n\}$ 称为边集.

② 关联：顶点 u,v 间有一条边 e，称 u,v 关联于 e. 此时称 u,v 是邻接的.

③ 有向图：所有边都是有向边的图称为有向图.

④ 无向图：所有边都是无向边的图称为无向图.

⑤ 加权图：若图的每一条边对应非负实数，这样的图称为加权图. 每一实数叫相应边的权数.

⑥ 完全图：若图的任何两个不同顶点间恰有一条边，这样的图称为完全图.

⑦ 度数：称关联顶点 v 的边数为度数，记作 $\deg(v)$. 在有向图中，以 v 为起点的边数，称为出度，记作 $\deg^+(v)$，以 v 为终点的边数称为入度，记作 $\deg^-(v)$，此时

$$\deg(v)=\deg^+(v)+\deg^-(v).$$

由于一条边都关联两个顶点，因此图的总度数等于其总边数的 2 倍.

⑧ 补图：设 $G=<V,E>,E_k$ 为由 V 中顶点构成的完全图的边集，则 $\bar{G}=<V,E_k-E>$ 称为 G 的补图.

⑨ 子图：设 $G=<V,E>,V'\subseteq V,E'\subseteq E$ ，则 $G'=<V',E'>$ 称为 G 的补图.

特别地， $V'\subseteq V$ 称 G' 为 G 的生成子图.

⑩ 路：设图 $G=<V,E>$ ， G 中顶点与边的交替序列

$$<v_0,e_1,v_1,e_2,\cdots,e_n,v_n>$$

称为 G 的一条路径，简称为路. 序列可以简化记为 $<v_0,v_1,\cdots,v_n>$. 若 $v_0=v_n$ ，序列称为回路. 路中边的数目称为路的长度. v_0 到 v_n 的所有路的最小长度称为 v_0 到 v_n 的距离. 所有边不同的路称为简单路，所有终点都不同的路称为初等路.

⑪ 连通：设 $G=<V,E>$ ，若它的任意两个顶点之间都存在路，称 G 是连通的. 改变原图连通性的顶点称为割点，改变原图连通性的边称为桥. 在有向图中，不考虑边的方向所得无向图是连通的，称原图是弱连通的. 任意两个顶点至少一个到另一个存在路，称为单向连通的，任意两个顶点互相都有路存在，称其为强连通的.

例 3-34 ① （3，3，2，3），（5，2，3，1，4）能成为图的度数序列吗?为什么?

② 已知图 G 中有 10 条边，4 个 3 度顶点，其余顶点的度数均小于等于 2，问 G 中至少有多个顶点?为什么?

解 ① 由于图的总度数为偶数（边数的 2 倍）

$$3+3+2+3=11 \qquad 5+2+3+1+4=15$$

这两个序列之和为奇数，因而不能称为图的度数序列.

② 图 G 中其余顶点的度数均为 2 时， G 中顶点数最少，故设 G 中顶点数为 x ，则

$$3\times 4+2\times(x-4)=2\times 10$$

$$x=8$$

所以图 G 中至少有 8 个顶点.

3.4.1.2 图的矩阵表示

用图来解决实际问题时，若实际问题规模很大时，相应地，图的结点和边的数将很大. 图的矩阵表示法使人们可以用线性代数的理论和计算机工具来研究图的性质.

（1）邻接矩阵

设图 $G=<V,E>$ ， $V=\{v_1,v_2,\cdots,v_n\}$ 约定了所有结点的一个次序， $n\times n$ 矩阵 $\boldsymbol{A}(G)=(a_{ij})$ 称为 G 的邻接矩阵当且仅当

$$a_{ij}=\begin{cases}1, & <v_i,v_j>\in E\\ 0, & 否则\end{cases}$$

例 3-35 求邻接矩阵 $\boldsymbol{A}(G)$ 及 $\boldsymbol{A}^2$， $\boldsymbol{A}^3$.

解 规定顶点的次序为 v_1,v_2,v_3,v_4 ，见图 3-4.

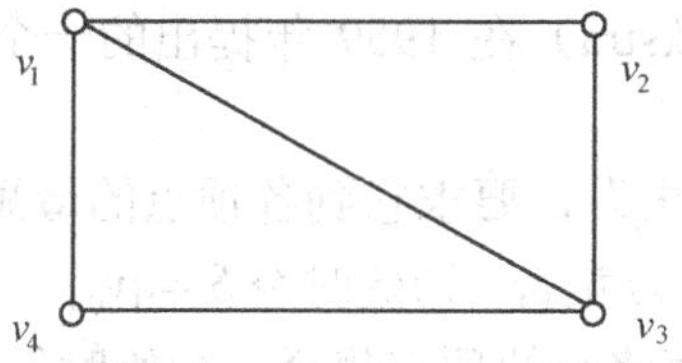

图 3-4

由邻接矩阵的定义及例 3-35 可以看出邻接矩阵有如下性质.

$$A(G)=\begin{pmatrix}0&1&1&1\\1&0&1&0\\1&1&0&1\\1&0&1&0\end{pmatrix},\ A^2=\begin{pmatrix}3&1&2&1\\1&2&1&2\\2&1&3&1\\1&2&1&2\end{pmatrix},\ A^3=\begin{pmatrix}4&5&5&5\\5&2&5&2\\5&5&4&5\\5&2&5&2\end{pmatrix}.$$

① A 的第 i 行（或第 i 列）元素之和为 v_i 的度数 $\deg(v_i)$. 若在有向图中，第 i 行元素之和为 v_i 的出度 $\deg^+(v_i)$，第 i 列的元素之和为 v_i 的入度 $\deg^-(v_i)$.

② A 的 k 次幂 $A^k=(a_{ij}^{(k)})$（k 为正整数）则 $i\neq j$ 时，$a_{ij}^{(k)}$ 表示从 v_i 到 v_j 长度为 R 的路的数目，$i=j$ 时，$a_{ij}^{(k)}$ 表示经过 v_i 的长度为 k 的回路数目.

（2）路径矩阵

由于经常需要了解的只是图中某一点到另一点是否有路，并非总是要了解两点之间路径的长度和数量. 这样我们只需求图的所谓路径矩阵就可以了.

设图 $G=<V,E>,V=\{v_1,v_2,\cdots,v_n\}$ 约定了一个所有顶点的次序，$n\times n$ 矩阵 $P(A)=(P_{ij})$ 称为 G 的路径矩阵当且仅当

$$P_{ij}=\begin{cases}1,\ v_i\text{到}v_j\text{至少有一条路}\\0,\ \text{否则}\end{cases}$$

我们可以用邻接矩阵来求路径矩阵，由 A^n 中元素的意义可知，v_i 到 v_j 的路径数目 $b_{ij}=a_{ij}+a_{ij}^{(2)}+\cdots+a_{ij}^{(n)}$ [因为图 G 中初等路的长度最大为 $(n-1)$，初等回路的长度最大为 n，所以只要求到 A^n 就可以了].

若 $b_{ij}>0$，则说明 v_i 到 v_j 至少有一条路，$b_{ij}=0$ 说明 v_i 到 v_j 没有路. 从而若 $b_{ij}>0$ 则 $P_{ij}=1$，若 $b_{ij}=0$，则 $P_{ij}=0$.

根据以上分析，例 3-35 中图的路径矩阵为

$$\begin{pmatrix}1&1&1&1\\1&1&1&1\\1&1&1&1\\1&1&1&1\end{pmatrix}$$

这说明该图中任意两点之间都有路，也就是说该图是连通的，当然直观上是显然的.

3.4.1.3 权图中的最短路问题

设图 G 为加权图，则把从 v_i 到 v_j 的路径上所有加权之和最小的那条路称为最短路径，把加权之和称为最短距离. 求图的最短路径问题用途很广. 例如用一个加权图表示城市间的运输图，如何能够使一个城市到另一个城市的运输时路线最短或运费最省呢?这就是一个求两城市的最短路径问题.

下面是迪克斯特拉（E.W.Dijkstra）在 1959 年提出的一个算法，对于带权连通有向图和无向图都可用此算法.

假设从某一加权图的顶点 v_0 出发，要求它到各顶点的最短路径.

① S：已求出最短路径的顶点集合. 初始时令 $S=\{v_0\}$.

② $T=V-S$：尚未确定最短路径的顶点集合，初始时 $T=V-\{v_0\}$ 计算 v_0 到 T 各顶点的距离值；若不存在路径，距离记为 ∞.

③ 从 T 中选取一个其距离值最小的顶点 W，加入 S，对 T 中顶点的距离值进行修改：

若加进 W 做中间顶点，从 v_0 到 v_i 的距离值比不加 k 的路径要短，则修改此距离值.

④ 重复上述步骤，直到 S 中包含所有顶点，即 $S=V$ 为正.

例 3-36 加权图 G 如图 3-5 所示. 求从 a 到各顶点的最短路及其距离.

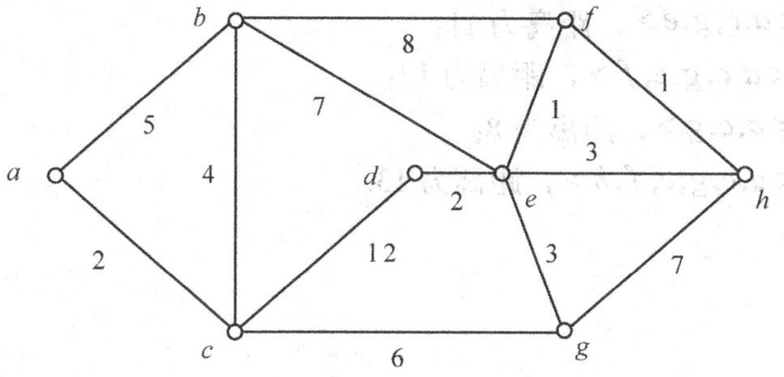

图 3-5

解 见表 3-4.

表 3-4 a 到各定点的最短路及其距离

终点	从 a 到各顶点的最短路及其距离					
b	5 $<a,b>$	5 $<a,b>$				
c	2 $<a,c>$					
d	∞	14 $<a,c,d>$	14 $<a,c,d>$	14 $<a,c,d>$	13 $<a,c,g,e,d>$	13 $<a,c,g,e,d>$	
e	∞	∞	12 $<a,b,e>$	11 $<a,c,g,e>$			
f	∞	∞	13 $<a,b,f>$	13 $<a,b,f>$	12 $<a,c,g,e,f>$		
g	∞	8 $<a,c,g>$	8 $<a,c,g>$				
h	∞	∞	∞	15 $<a,c,g,h>$	14 $<a,c,g,e,h>$	13 $<a,c,g,e,f,h>$	13 $<a,c,g,e,f,h>$
s	$\{a\}$	$\{a,c\}$	$\{a,c,b\}$	$\{a,c,b,g,\}$	$\{a,c,b,g,e\}$	$\{a,c,b,g,e,f\}$	$\{a,c,b,g,e,f,d\}$
t	$\{b,c,d,e,f,g,h\}$	$\{b,d,e,f,g,h\}$	$\{d,e,f,g,h\}$	$\{d,e,f,h\}$	$\{d,f,h\}$	$\{d,h\}$	$\{h\}$

得出：

a到b最短路为$<a,b>$，距离为5；

a到c最短路为$<a,c>$，距离为2；

a到d最短路为$<a,c,g,e,d>$，距离为13；

a到e最短路为$<a,c,g,e>$，距离为11；

a到f最短路为$<a,c,g,e,f>$，距离为12；

a到g最短路为$<a,c,g>$，距离为8；

a到h最短路为$<a,c,g,e,f,h>$，距离为13.

3.4.2 树

3.4.2.1 无向树

有一种特殊的无向图，叫作无向树.

设图$G=<V,E>$，若G是连通的，且不含有长度大于2的初等回路，则称G是无向树，简称树. G的边称为树枝，度数为1的顶点称为树叶，度数大于1的结点称为分枝点，两棵以上的树称为森林.

无向树有如下性质.

① 无回路（指长度大于 2 的初等回路，下同），且$e=v-1$. 其中e是图的边数，v结点数.

② 任意两顶点间有且只有一条初等路，不相邻顶点间增加一条边，此原图有且只有一条初等回路.

③ 删除任何一条边后，所得图不再是连通图.

例 3-37 设树T中有 7 片树叶，3 个 3 度顶点，其余都是 4 度顶点. 问T中有几个 4 度顶点?

解 设T中有x个 4 度顶点，则

$$1\times 7+3\times 3+4x=2(7+3+x-1)$$

解得$x=1$，即T中 4 度结点只有 1 个.

例 3-38 设树T中有 1 个 3 度顶点，2 个 2 度顶点，其余顶点都是树叶. 问T中有几片树叶?

解 设T有x片树叶，则

$$1\times x+3\times 1+2\times 2=2(x+1+2-1)$$

解得$x=3$，即T有 3 片树叶.

3.4.2.2 最小生成树

设图$G=<V,E>$是连通的，若G的生成子图是树，称该子图为生成树.

因为树中不含长度大于2的回路，所以可以在G不断地删除边使其不含回路，最终求得G的生成树，这种求生成树的办法称为破圈法.

设图$G=<V,E>$是加权连通图，则G的边权之和最小的生成树，称为最小生成树. 研究最小生成树是有实际意义的. 例如G中的顶点表示城市，边表示连接城市的道路，在城市之间架设通信线路或修建公路，使各个城市能够连通起来，为了使费用最小，这样的实际问题就是求G的最小生成树.

求最小生成树的方法有好几种，下面介绍其中之一——克鲁斯卡（Kruskal）方法.

① 一开始在连通加权图 $G=<V,E>$ 中选取边权最小的边.

② 按边权从小到大依次考虑其他各边，若所考察边与已有边不构成回路，则保留，否则删除，直到所得的边构成 G 的生成树.

例 3-39　如图 3-6 所示，在 a,b,c,d,e 五个城市间，修建公路，使任何两个城市都能直接或间接可达，问如何修建才能使费用最小？

解　为使费用最小，也就是使公路总长度最小，即求图的最小生成树. 利用克鲁斯卡方法，选取的边依次如下：

$$<c,d><c,e><c,b><c,a>$$

所得最小生成树如图 3-7 所示，边权之和为 8.

最小生成树不唯一，其他情形请读者自行验证.

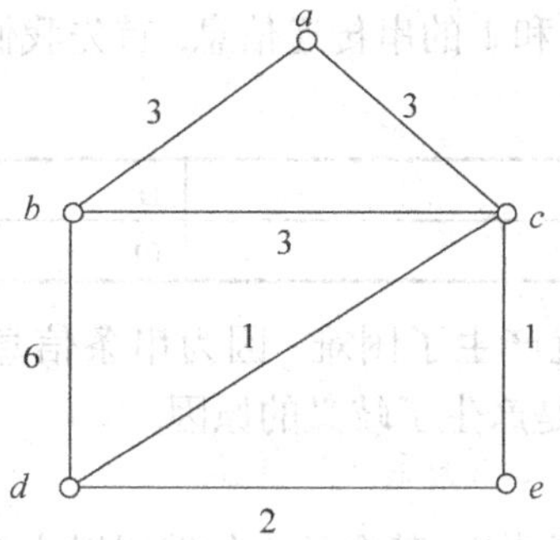

图 3-6

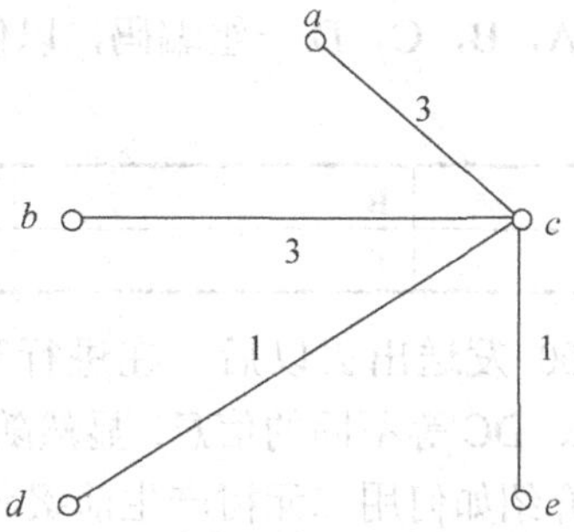

图 3-7

3.4.2.3　根树

有向图若不考虑边的方向是一个无向树，这样的有向图称为有向树. 有向树当中有一类很重要的有向树，即根树. 所谓根树是指一个有向树恰有一个顶点入度为 0，其余所有顶点入度均为 1，入度为 0 的顶点称为根树的根. 出度为 0 的顶点称为根树的树叶，出度非 0 的顶点称为根树的分枝点.

根树还有一些术语如下：

① 孩子和双亲：根树中两点 u,v，若 u 邻接到 v，称 v 是 u 的孩子，u 是 v 的双亲.

② 兄弟：若顶点 u,v 的双亲是同一顶点，称 u,v 是兄弟.

③ 子孙与祖先：若顶点 u 到 v 有一条有向路，称 u 是 v 的祖先，v 是 u 的子孙.

④ 顶点的层数：从根到某一顶点 u 的长度，称为该点 u 的层数.

⑤ 树的高度：从根到叶的最大层数，称为根树的高度.

⑥ 子树：某顶点 u 及其所有子孙所构成的子图，称为根树的子树.

⑦ 有序树：根树的所有子树确定了一个次序（一般从左向右），称为有序树.

⑧ m 元树：有序树中，每个分支点 u 至多有 m 个孩子，称该有序树为 m 元树.

若每个分支点 u 恰有 m 个孩子，称该有序树为正则 m 元树.

例 3-40　证明正则二元树中分支点的数目是叶子数减 1.

证明　设正则二元树中分支点数为 x，叶子数为 y.

正则二元树中每个分支点恰有 2 个孩子，所以孩子的总数为 $2x$，而孩子的数目等于树的顶点树减 1（根树的根），而树的顶点分为两类分支点和树叶，故顶点数为 $x+y$，从而

$$2x = x + y - 1, x = y - 1$$

类似可以证明正则 m 元树中有

$$(m-1)x = y-1.$$

3.4.2.4 最优二元树

二元树的一个应用是前缀码.

为了存储、处理和传递信息，必须建立一种确切表达信息的方法，于是就产生了所谓的编码. 编码就是将信息用一些代码表示的过程. 例如汉字有拼音码、五笔字形码等. 计算机能使用的数字只有 0 和 1，因此无论何种编码，最终就是建立一个字符和符号与 0 和 1 组成的串之间的一个双射.

有一种很特殊的编码就是前缀码. 我们先看一个简单的例子.

我们想给 A，B，C，D 一组编码，以便于用 0 和 1 的串传递信息. 首先我们随意给它们一组编码如下.

A	B	C	D
0	1	00	01

此时，0100 发送出去以后，在进行翻译时就产生了困难. 因为串条信息可以翻译成 ABC ，ABAA，DC 等不同的信息. 显然随意编码是产生了歧义的原因.

下面我们介绍如何用二元树产生前缀码.

如图 3-8 所示，首先令根的左孩子为 0，右孩子为 1. 其余顶点的编码以它们双亲编码为前缀，然后在此前缀后添加 0 和 1，究竟是加 0 还是加 1，取决于该结点是其双亲的左孩子还是右孩子.

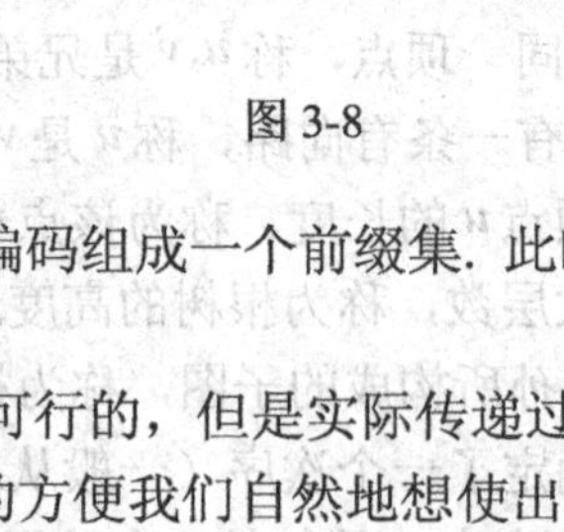

图 3-8

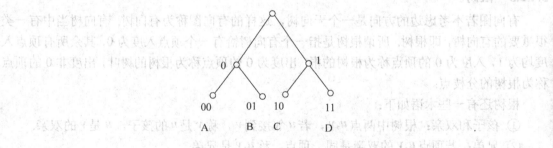

最后，我们收集所有叶子的编码组成一个前缀集. 此时发送 0100 后，按前缀码可以翻译为 BA.

上述前缀码进行编码确实是可行的，但是实际传递过程中，还有这样一个问题，因为各个字符出现的频率不同，为传送的方便我们自然地想使出现频率高的字符的编码尽量短一些. 这样一来可以使传递时，使用的 0 或 1 减少，以达到提高传递效率的目的.

如果一棵二元树的 n 个叶子权分别为 $w_1, w_2, \cdots, w_n$，这 n 个叶子的层数分别为 $t_i (i=1,2,\cdots,n)$，称 $w = w_1 t_1 + w_2 t_2 + \cdots + w_n t_n$ 为二元树的权. 使 w 最小的二元树，称为最优二元树，简称最优树.

因此前缀码的问题转换为求最优树问题. 霍夫曼给出了一种求最优树的办法，称为霍夫曼算法.

例 3-41

0	1	2	3	4	5	6	7
30	20	15	10	8	7	6	4

上表给出了 0～7 的权重，求传送它们的最佳前缀码.

解 用霍夫曼算法求最优树.

① 首先构造 8 棵树，每棵树是一个顶点（即根）分别带权 30，20，…，4.

② 然后找出带最小权 4 和 6 的两个顶点作为树叶，构造一棵带权 4+6=10 的二元树，于是得到 7 棵树. 如图 3-9 所示.

③ 重复②的步骤，直至合并为一棵二元树，即为所求.

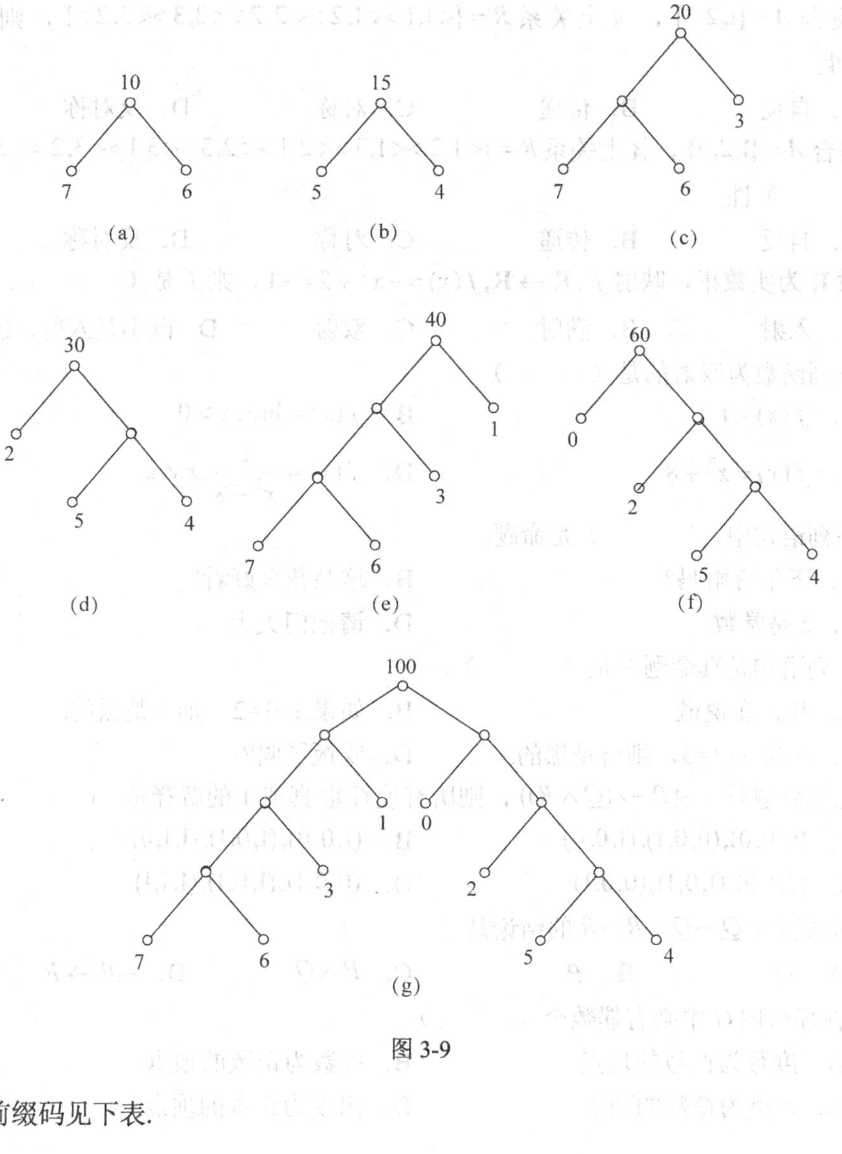

图 3-9

此时前缀码见下表.

数字	0	1	2	3	4	5	6	7
前缀码	10	01	110	001	1111	1110	0001	0000

这构成最优二元树的权为

$$30\times2+20\times2+15\times3+10\times3+8\times4+7\times4+6\times4+4\times4=275.$$

习题三

1．选择题

（1）由集合运算定义，下列各式正确的有（　　）.

A．$X\subseteq X\cup Y$　B．$X\supseteq X\cup Y$　C．$X\subseteq X\cap Y$　D．$Y\subseteq X\cap Y$

（2）设 $A=\{1,2,3\},B=\{1,2\}$，则下列命题不正确的是（　　）.

A．$A\cup B=\{1,2\}$　B．$B\subseteq A$　C．$A-B=\{c\}$　D．$B-A=\phi$

（3）集合 $A=\{1,2,3\}$，A 上关系 $R=\{<1,1><1,2><2,2><3,3><3,2>\}$，则 R 不具备（　　）性.

A．自反　B．传递　C．对称　D．反对称

（4）集合 $A=\{1,2,3\}$，A 上关系 $R=\{<1,2><1,3><2,1><2,3><3,1><3,2><3,3>\}$，则 R 具备（　　）性.

A．自反　B．传递　C．对称　D．反对称

（5）设 $\mathbf{R}$ 为实数集，映射 $f:\mathbf{R}\to\mathbf{R},f(x)=-x^2+2x-1$，则 f 是（　　）.

A．入射　B．满射　C．双射　D．既不是入射，也不是满射

（6）下列函数为双射的是（　　）.

A．$f(x)=1$　B．$f(x)=\ln x,x>0$

C．$f(x)=x^3+8$　D．$f(x)=\dfrac{1}{x^3-8},x\neq2$

（7）下列语句中，（　　）是命题.

A．下午有雨吗?　B．这朵花真好看!

C．2 是常数.　D．请把门关上.

（8）下列语句是真命题的是（　　）.

A．我正在说谎　B．如果 1+1=2，则雪是黑的.

C．如果 1+1=3，则雪是黑的.　D．吃饭了吗?

（9）已知命题 $G=\neg(P\to(Q\wedge R))$，则所有使 G 取真值 1 的解释是（　　）.

A．$(0,0,0),(0,0,1),(1,0,0)$　B．$(1,0,0),(1,0,1),(1,1,0)$

C．$(0,1,0),(1,0,1),(0,0,1)$　D．$(0,0,1),(1,0,1),(1,1,1)$

（10）前提 $P\vee Q,\neg Q\vee R,\neg R$ 的结论是（　　）.

A．Q　B．P　C．$P\wedge Q$　D．$\neg P\to R$

（11）在任何图 G 中必有偶数个（　　）.

A．度数为偶数的顶点　B．度数为奇数的顶点

C．入度为奇数的顶点　D．出度为奇数的顶点

(12) 设 G 为有 n 个顶点的无向完全图，则 G 的边数为（　　）.

A. $n(n-1)$　　B. $n(n+1)$　　C. $\frac{n(n-1)}{2}$　　D. $\frac{(n-1)}{2}$

(13)有向图 $G=\prec V,E\succ$，其中 $V=\{a,b,c,d,e,f\}$，$E=\{<a,b><b,c><a,d><d,e>,<f,e>\}$，则 G 为（　　）.

A. 强连通图　　B. 单向连通图　　C. 弱连通图　　D. 不连通图

(14) 完全图 k_n 的顶点的度数为（　　）.

A. 0　　B. n　　C. $n-1$　　D. $n+1$

(15)一棵树有2个2度顶点，1个3度顶点，3个4度顶点，则其1度顶点数为（　　）.

A. 5　　B. 7　　C. 8　　D. 9

(16) G 为正则二元树，有 t 片叶子，e 条边，则有（　　）.

A. $e>2(t-1)$　　B. $e<2(t-1)$　　C. $e=2(t-1)$　　D. $e=2(t+1)$

(17)一棵树，有2个4度顶点，3个3度顶点，其余结点都是叶子，则叶子数为（　　）.

A. 9　　B. 8　　C. 7　　D. 10

2. 填空题

(1) 集合的表示方法有两种：__________法和__________法. “大于3而小于等于7的整数”用集合表示为 $A=\{$_______________$\}$.

(2) 设 A,B 是两个集合，$A=\{x|1\leqslant x\leqslant 100, x$ 被4整除，$x\in\mathbf{Z}\}$，$B=\{x|1\leqslant x\leqslant 100$，$x$ 被6整除，$x\in\mathbf{Z}\}$，则 $A\cap B$__________，$A\cap B$ 中元素个数=__________.

(3) 设 $A=\{1,\{1\}\}$，则 $P(A)=\{$_______________$\}$.

(4) R 是 A 上的关系，若 R 满足__________，__________，__________，则称 R 为等价关系，若 R 满足__________，__________，__________，则称 R 为偏序关系.

(5) 设 R 为集合 $A=\{1,2,3,4\}$ 上的关系，$R=\{<1,1><1,2><2,4>\}$，则 R 的对称闭包为__________，$R^2=$__________，

(6) 命题联结词主要有__________，__________，__________，__________和__________.

(7) P,Q 为两个命题，当且仅当__________时，$P\wedge Q$ 的值为1，当且仅当__________时，$P\vee Q$ 的值为0，当且仅当__________时，$P\to Q$ 的值为0.

(8) $G=P\to\neg(Q\to R)$，则使 G 为0的解释是__________，__________和__________.

(9) $(\forall x)(P(z)\to Q(x,z))\wedge(\exists z)R(x,z)$ 中，$(\forall x)$ 的辖域是__________，$(\exists z)$ 的辖域是__________.

(10) 无向图 G 有10条边，3度与4度顶点各2个，其余顶点数均小于3，G 中至少有__________个顶点，在最少顶点的情况下，写出 G 的度数列为__________.

(11)设无向图中有6条边，3度与5度顶点各1个，其余的都是2度顶点，该图有__________个顶点.

(12) 设图 G 有6个顶点，度数列为 $1,2,4,3,5,5$，则有__________条边.

(13) 一棵树有2个2度分支点，1个3度分支点，3个4度分支点，则有__________

片叶子.

（14）设T为高度为k的二元树，则T的最大顶点数为__________.

（15）设G是正则二元树，G有15个点，其中8片叶子顶点，则G的总度数为__________，分支点数为__________.

3．计算及证明题

（1）设集合$A=\{1,2,3,4\}$，A上关系$R=\{<x,y>|x,y\in A,x\geqslant y\}$，求$R$的关系矩阵.

（2）设集合$A=\{1,2,3,4\}$，R_1,R_2为A上关系，其中

$R_1=\{<1,1><1,2><2,1><2,2><3,3><3,4><4,3><4,4>\}$

$R_2=\{<1,2><2,1><1,3><3,1><2,3><3,2><1,1><2,2><3,3>\}$

判断它们是否为等价关系，若是等价关系求A中各元素的等价类.

（3）设集合$A=\{1,2,3\}$，R为A上关系，$R=\{<1,2><2,1><2,3>\}$，求$r(R),s(R),t(R)$.

（4）设集合$A=\{2,3,4,6,8,12,24\}$，R为A上整除关系，

①画出偏序集$<A,R>$的哈斯图.

②写出A中最大元，最小元，极大元，极小元.

③写出A的子集$B=\{2,3,6,12\}$的上界，下界，上确界，下确界.

（5）设解释I为：

①$D=\{-2,3,6\}$；

②$F(x):x\leqslant 3,G(x):x>5$.

在解释I下求$(\exists x)(F(x)\vee G(x))$的真值.

（6）证明：①$((P\to Q)\wedge(Q\to R))\to(P\to R)$，

②$(TP\wedge(TQ\wedge R))\vee(Q\wedge R)\vee(P\wedge R)\Leftrightarrow R$.

（7）证明：$P\bigcup Q,P\to\neg R,S\to\neg,\neg S\to R,\neg P\Rightarrow Q$

（8）判断下面推理是否正确，并证明你的结论.

若小王是理科生，他的数学成绩必好. 若小王不是文科生，他必为理科生. 小王没学好数学. 所以小王是文科生.

（9）用谓词推理证明下面推理.

所有的主持人都很有风度. 李明是个学生并且是个节目主持人. 因此有些学生很有风度.（个体域：所有人的集合）

（10）设a,b是两个数函数，它们分别是

$$a_n=n(\text{mod}17)，\quad b_n=\begin{cases}1, & n(\text{mod}3)=0\\0, & 否则\end{cases}$$

① 设$c_n=a_n+b_n$，当n是何值时，$c_n=0$？又当n是何值时，$c_n=1$？

② 设$d_n=a_nb_n$，当n是何值时，$d_n=0$？又当n是何值时，$d_n=1$？

（11）设有一数函数a_n的连续的前n项是1，2，4，7，11，16，…，其中$a_0=1$，求a_n的表达式.

（12）设无向图$G=<V,E>,V=\{v_1,v_2,\cdots v_6\},E=\{<v_1,v_2><v_2,v_4><v_4,v_5><v_3,v_4><v_1,v_3><v_3,v_2>\}$，求$G$中各顶点的度数及奇数度顶点的个数.

（13）求图3-10中A到其余各顶点的最短路径及长度.

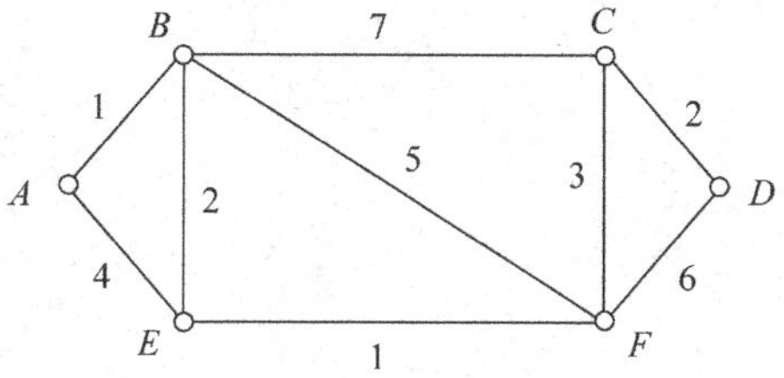

图 3-10

（14）设有 5 个城市 v_1, v_2, v_3, v_4, v_5，任意两城市间铁路造价如下.（单位：百万）

$$(v_1, v_2) = 4, (v_1, v_3) = 7, (v_1, v_4) = 16, (v_1, v_5) = 10, (v_2, v_3) = 13,$$
$$(v_2, v_4) = 8, (v_2, v_5) = 17, (v_3, v_4) = 3, (v_3, v_5) = 10, (v_4, v_5) = 12.$$

试求连接 5 个城市的造价最低的铁路网.

第二篇

实验篇

第4章 微积分实验

MATLAB 系统概述

MATLAB 是美国 MathWorks 公司推出的一套高性能数值计算的可视化软件. 它集数值分析、矩阵计算、信号处理和图形显示于一体，构成一个使用方便、界面友好的用户环境. 在这个环境下，用户只需简单地列出数学表达式，结果便可以数值或图形方式显示在计算机屏幕上.

MATLAB 是矩阵实验室（Matrix Laboratory）的简称. 20 世纪 70 年代，美国新墨西哥大学计算机系主任 Cleve Moler 为学生设计了一组调用 LINPACK 和 EISPACK 程序库（代表当时矩阵计算的最高水平）的通用接口，并取名为 MATLAB. 1984 年由 Little，Moler 及 Steve Bangert 合作成立了的 MathWorks 公司正式把 MATLAB 推向市场. MATLAB 经过不断完善和扩充，形成了不同版本，如今已成为数学实验课程的标准工具，也成为其他许多领域的实用工具.

MATLAB 的基本数据单位是矩阵，它的指令表达式与数学、工程中常用的形式十分相似，故用 MATLAB 来解算问题要比用 C，FORTRAN 等语言完成相同的事情简捷得多，并且 MATLAB 也吸收了像 Maple 等软件的优点，使 MATLAB 成为一个强大的数学软件. 在新的版本中也加入了对C，FORTRAN，C++，JAVA的支持，可以直接调用，用户也可以将自己编写的实用程序导入到 MATLAB 函数库中方便自己以后调用. 此外，许多的 MATLAB 爱好者都编写了一些经典的程序，用户直接进行下载就可以用.

MATLAB 是目前发展最快的软件之一，自 MathWorks 公司推出 MATLAB R2006 版之后，每年都有新版本. 本书实验为 R2012a 版本.

4.1 MATLAB 基础知识

4.1.1 命令窗口

桌面平台包括 6 个窗口，即主窗口、命令窗口、历史窗口、当前目录窗口、发行说明书窗口、工作间管理窗口.

（1）主窗口

用于整体环境参数的设置. 主要包括 6 个下拉菜单、10 个按钮控件；

（2）命令窗口

“>>”为运算提示符，表示 matlab 正处在准备状态；输入运算式并按[ENTER]键后将计算结果.

（3）历史窗口

保留自安装起所有命令的历史记录，双击某一行命令，即在命令窗口执行该行命令.

（4）当前目录窗口

显示或改变当前目录.

（5）发行说明书窗口

说明用户拥有的 Mathworks 公司产品的工具包、演示以及帮助信息.

（6）工作间管理窗口

将显示目前内存中所有的 MATLAB 变量名、数据结构、字节数及类型，其工具栏由 4 个按钮控件和 1 个下拉菜单组成.

① 运行 MATLAB 程序时，程序中的变量被加入到工作空间；一个程序中的运算结果以变量形式保存在工作空间，可被别的程序利用.

② 整个工作空间中的变量名和变量值随时可被查看；所有变量可保存到一个文件中，并可重新调入当前工作空间.

③ 在命令窗口中键入 who 和 whos 命令可以查看当前工作空间中的所有变量；clear 可以删除工作空间中的变量.

4.1.2　帮助系统

帮助系统包括联机帮助系统、命令窗口查询帮助系统、联机演示系统.

（1）联机帮助系统

? 按钮、[HELP]下拉菜单、命令：helpwin 进入帮助窗口、helpdesk 进入帮助台、doc 自动定位到相应函数.

（2）命令窗口查询帮助系统

① Help 系列，Help，Help+函数（类）名.

Help:最为常用，将显示当前的帮助系统中所包含的所有项目.

Help+函数（类）名：最有用，可辅助用户进行深入学习.

② lookfor 函数:根据用户提供的关键字搜索到相关函数. 当不知到确切函数名时使用该命令.

③ 其他帮助命令：exist 变量检验；what 目录中文件列表；who 内存变量列表；whos 内存变量详细信息；which 确定文件位置.

（3）联机演示系统

菜单[help]→[demos]或 demos 命令.

4.2　函数作图

4.2.1　实验目的与要求

① 学习 MATLAB 软件的启动和退出，掌握 MATLAB 的绘图语句.

② 从图形上认识一元函数并观察其特性.

4.2.2 实验使用的软件

MATLAB R2012a 版本为本书中实验使用的软件版本.

4.2.2.1 MATLAB 的启动与退出

在 Windows 环境下安装好 MATLAB，用鼠标双击 MATLAB 图标即可进入 MATLAB.

在启动 MATLAB 后，界面将显示“｜”，表示 Matlab 已经准备好，正等待用户输入命令. 这时，在提示符“｜”后面键入命令，再按下回车键，Matlab 就会解释执行所输入的命令，并在命令后面输出运算结果. 如果在输入命令后以分号结束，则不会显示结果.

退出 Matlab 系统的方式有两种：

① 在文件菜单（File）中选择“Exit”按钮；

② 用鼠标单击窗口右上角关闭图标“×”.

4.2.2.2 本实验所用运算符号、函数及其意义

（1）算数运算符号

“+”加、“−”减、“*”乘、“/”除、“^”指数.

（2）数学函数

abs(x)	x 的绝对值
sqrt(x)	x 开平方
exp(x)	e 的 x 次方
log(x)	以 e 为底 x 的对数，即自然对数
log2(x)	以 2 为底 x 的对数
log10(x)	以 10 为底 x 的对数
sign(x)	符号函数
sin(x),cos(x),tan(x),cot(x)	三角函数
asin(x),acos(x),atan(x),acot(x)	反三角函数

（3）常量

pi	$\pi=3.1415926\cdots\cdots$
exp(1)	$e=2.71828\cdots\cdots$
inf	∞

4.2.3 学习软件 MATLAB 的命令

对于平面曲线，常见的有三种表示形式，即以直角坐标方程 $y=f(x)$， $x\in[a,b]$，以参数方程 $\begin{cases}x=x(t)\\y=y(t)\end{cases}$， $t\in[a,b]$ 和以极坐标 $r=r(\varphi),\varphi\in[a,b]$ 表示的三种形式.

MATLAB 中主要用 plot，fplot，plot3 三种命令绘制不同的曲线.

（1）plot(x,y,选项)

功能：在平面直角坐标系中作出函数 $y=f(x)$ 的图像，选项可缺省（同下）.

（2）plot(x1,y1,选项,x2,y2,选项,…,xn,yn,选项)

功能：在同一坐标系中作出函数 $y_1=f(x_1)$， $y_2=f(x_2)$，…， $y_n=f(x_n)$ 的图像.

（3）fplot(‘fun’,[a,b])

功能：作出函数 *fun* 在区间[*a*,*b*]上的函数图.

（4）plot3(x,y,z)

功能：空间曲线图，其中 ***x***，***y***，***z*** 为同维数的向量.

例 4-1 利用绘图命令作出 $f(x)=\sqrt{3-x}+\arctan\frac{1}{x}$ 的图像.

在文档窗口输入命令.

```
>> x=[-2:0. 01:2];
>> y=sqrt(3-x)+sin(1. /x);
>> plot(x,y)
```

输出结果如图 4-1 所示.

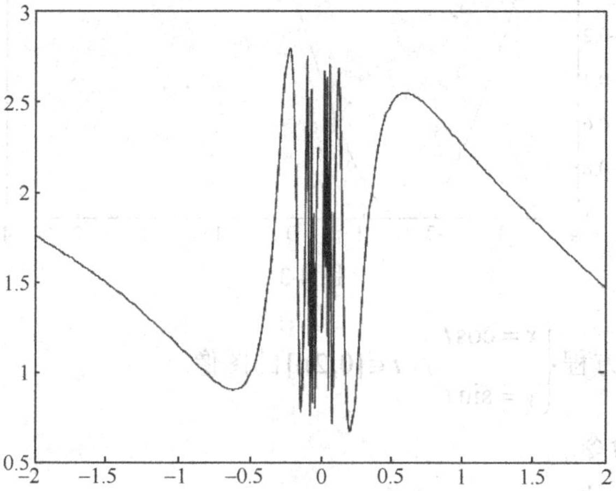

图 4-1

也可以 fplot 命令

```
>>clear                    %清除内存中的变量
>> fplot('sqrt(3-x)+sin(1. /x)',[-3,3])
```

输出结果如图 4-2 所示.

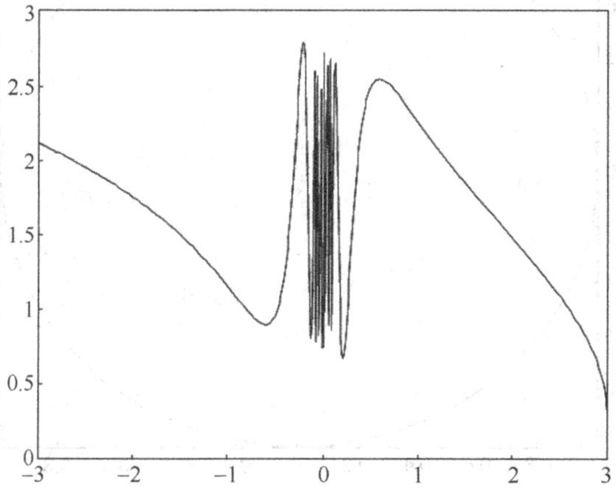

图 4-2

例 4-2 在同一坐标系中作出函数 $y=\sin x$ ， $y=\sin 2x$ 的图像.

在文档窗口输入命令.

```
>> x1=[-pi:0. 001:pi];x2=[-pi:0. 001:pi];
>> y1=sin(x1);y2=sin(2*x2);
>> plot(x1,y1,x2,y2,'-. ')
```

输出结果如图 4-3 所示.

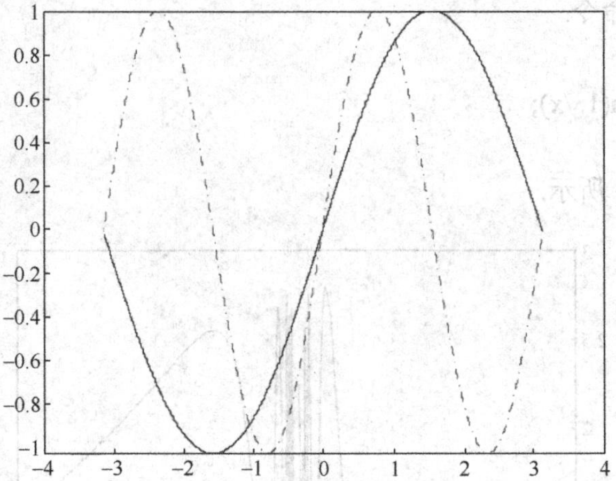

图 4-3

例 4-3 作出参数方程 $\begin{cases} x=\cos t \\ y=\sin t \end{cases}$ ， $t\in[0,2\pi]$ 的图像.

在文档窗口输入命令.

```
>> t=[0:2*pi/30:2*pi];
>> x=cos(t); y=sin(t);
>> plot(x,y,z)
```

输出结果如图 4-4 所示.

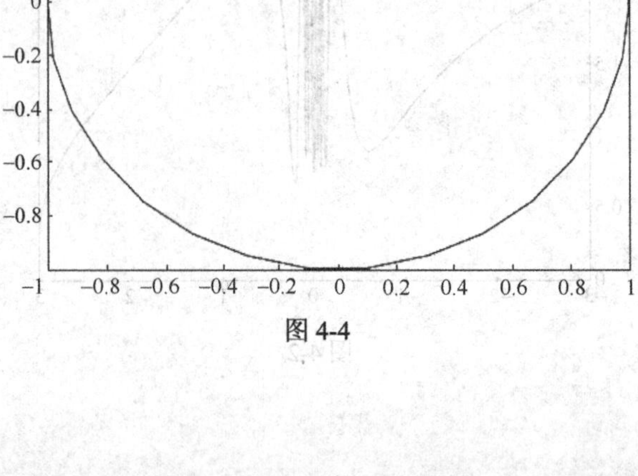

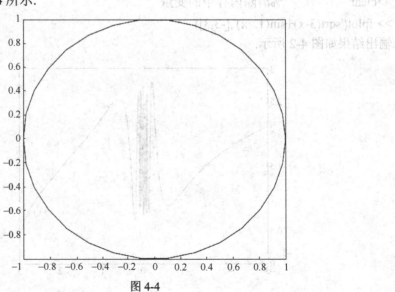

图 4-4

例 4-4 作出以极坐标方程 $r=a(1+\cos\varphi), a=1, \varphi\in[0,2\pi]$ 表示的心脏线。

在文档窗口输入命令.

```
>> t=[0:2*pi/30:2*pi];
>> r=1+cos(t);
>> x=r. *cos(t); y=r. *sin(t);   %极坐标转化为直角坐标
>> plot(x,y)
```

输出结果如图 4-5 所示.

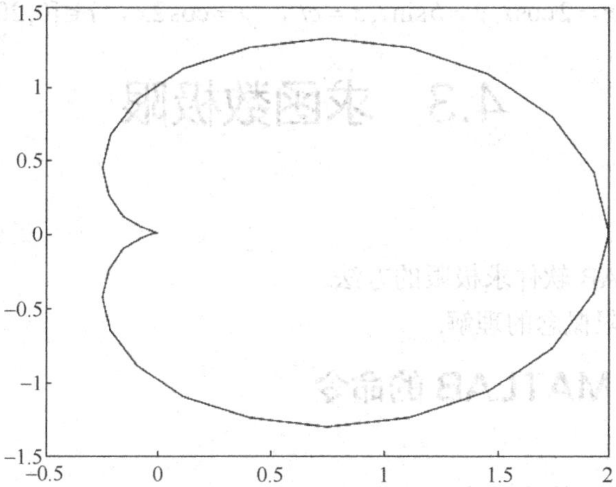

图 4-5

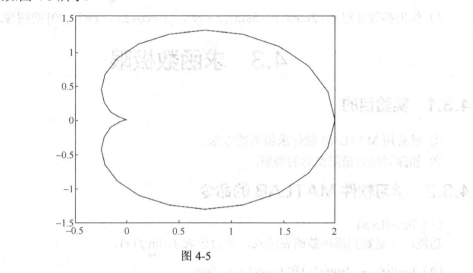

例 4-5 作出参数方程 $\begin{cases} x=2\cos t \\ y=2\sin t, \quad t\in[0,6\pi] \\ z=0.3t \end{cases}$ 的图像.

在文档窗口输入命令.

```
>> t=[0:2*pi/30:6*pi];
>> x=2*cos(t); y=2*sin(t);z=0. 3*t;
>> plot3(x,y,z)
```

输出结果如图 4-6 所示.

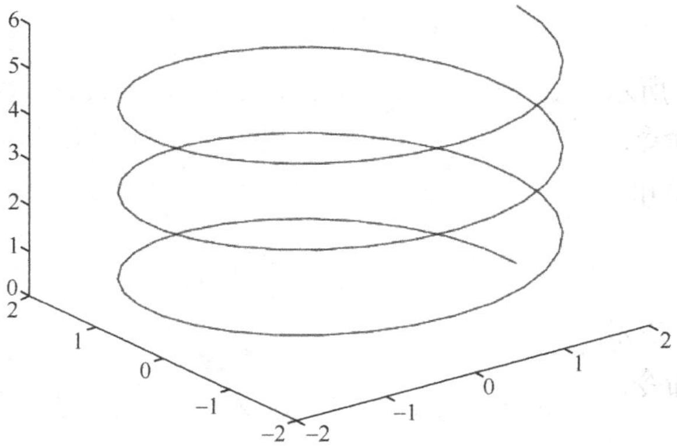

图 4-6

4.2.4 实验内容

1）利用软件 MATLAB 作出下列函数的图像.

① $y=\cos 2x$；② $\begin{cases} x=\sin^3 t \\ y=\cos^3 t \end{cases}$， $t\in[0,2\pi]$.

2）绘制极坐标系下曲线 $\rho=a\cos(b+n\theta)$. ① a=2，$b=\frac{\pi}{4}$，n=2. ② a=2，b=0，n=3.

3）作出参数方程 $x=2\cos t, y=b\sin t, z=ct$， $y=\cos 2x$， $t\in[0,20]$ 的图像.

4.3 求函数极限

4.3.1 实验目的

① 掌握用 MATLAB 软件求极限的方法.

② 加深对函数极限概念的理解.

4.3.2 学习软件 MATLAB 的命令

（1）limit(f,x,a)

功能：f 是数列或函数的表达式，该命令表示 $\lim\limits_{x\to a} f(x)$.

（2）limit(f,x,a,‘right’)和 limit(f,x,a,‘left’)

功能：分别表示 $\lim\limits_{x\to a^+} f(x)$ 和 $\lim\limits_{x\to a^-} f(x)$.

（3）limit(f,x,inf，‘right’)和 limit(f,x,inf,‘left’)

功能：分别表示 $\lim\limits_{x\to +\infty} f(x)$ 和 $\lim\limits_{x\to -\infty} f(x)$.

例 4-6 观察函数 $f(x)=x\sin\frac{1}{x}$，$f(x)=\frac{\sin x}{x}$ 及 $f(x)=\sin\frac{1}{x}$ 当 $x\to 0$ 时的变化趋势，体会函数极限的定义.

在文档窗口输入命令.

```
>> x=[-3:0. 01:3];
>> y=x.*sin(1./x);
>> plot(x,y)
```

输出结果如图 4-7 所示.

在文档窗口输入命令.

```
>> x=[-100:0.01:100];
>> y=sin(x)./x;
>> plot(x,y)
```

输出结果如图 4-8 所示.

在文档窗口输入命令.

```
>> x=[-1:0.01:1];
>> y=sin(1./x);
```

```
>> plot(x,y)
```

输出结果如图 4-9 所示.

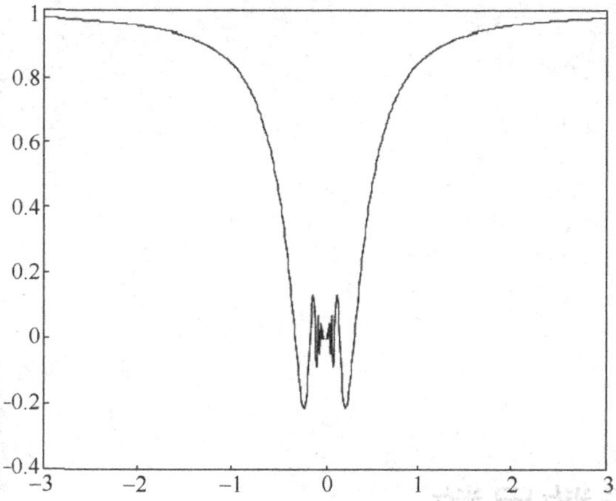

图 4-7

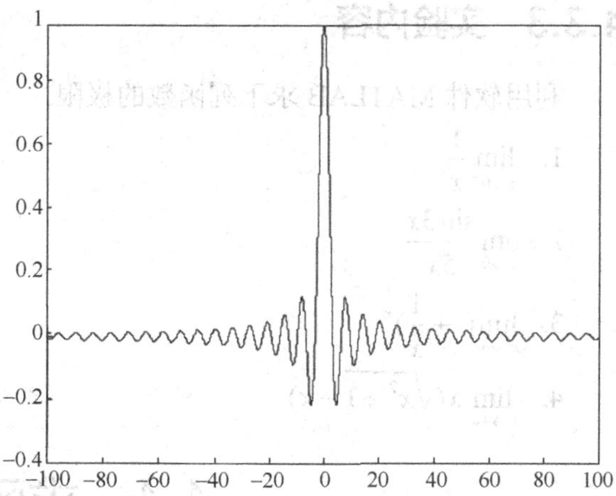

图 4-8

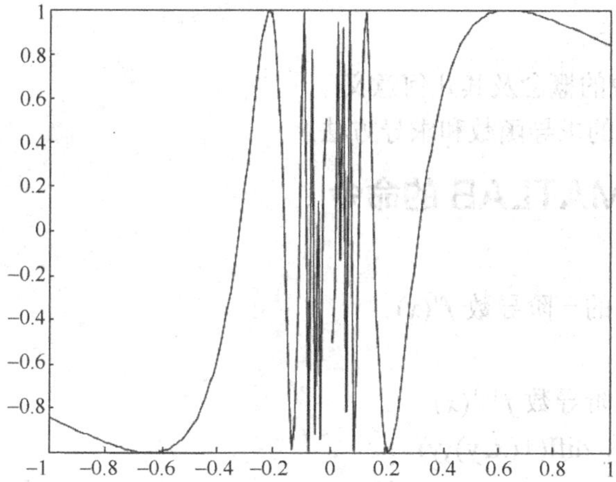

图 4-9

观察函数图像的变化趋势，得到函数的极限.

例 4-7　求下列函数的极限.

① $\lim\limits_{x\to 0^+}\dfrac{1}{x}$　　② $\lim\limits_{x\to\infty}\dfrac{x^2-1}{4x^2-7x+1}$　　③ $\lim\limits_{x\to 0}\dfrac{\tan x-\sin x}{x^3}$

在文档窗口输入命令.

```
① >> syms x              %声明变量
>> limit(1/x,x,0,'right')
ans =Inf
② >> syms x
>> limit((x^2-1)/(4*x^2-7*x+1),x,inf)
ans =1/4
③ >> syms x
```

```
>> limit((tan(x)-sin(x))/(x^3),x,0)
ans =1/2
```

4.3.3 实验内容

利用软件 MATLAB 求下列函数的极限.

1. $\lim\limits_{x\to 0^-}\frac{1}{x}$

2. $\lim\limits_{x\to 0}\frac{\sin 3x}{5x}$

3. $\lim\limits_{x\to\infty}(1+\frac{1}{x})^x$

4. $\lim\limits_{x\to+\infty}x(\sqrt{x^2+1}-x)$

4.4 求函数导数

4.4.1 实验目的

① 进一步理解导数的概念及其几何意义.

② 学习 MATLAB 的求导函数和求导方法.

4.4.2 学习软件 MATLAB 的命令

（1）diff(f(x))

功能：求函数 $f(x)$ 的一阶导数 $f'(x)$.

（2）diff(f(x) ,n)

功能：求 $f(x)$ 的 n 阶导数 $f^{(n)}(x)$.

（3）diff(f(x,y) ,x)和 diff(f(x,y) ,y)

功能：分别求 $f(x,y)$ 对 x 的偏导数 $\frac{\mathrm{d}f}{\mathrm{d}x}$ 和 $f(x,y)$ 对 y 的偏导数 $\frac{\mathrm{d}f}{\mathrm{d}y}$.

4.4.3 实验内容

例 4-8 求下列函数的导数.

① $y=x^3+\cos x+\ln 2$；② $y=4^{\sin x}$

在文档窗口输入命令.

①
```
>> syms x
>> diff(x^3+cos(x)+log(2))
ans =3*x^2-sin(x)
```

②
```
>> syms x
>> diff(4^sin(x))
ans =2*4^sin(x)*cos(x)*log(2)
```

例 4-9 求函数 $y=x^3$ 在 $x=1$ 点处的导数.

在文档窗口输入命令.

```
>> syms x
>> diff(x^3)
ans =3*x^2
>> x=1
x =1
>> 3*x^2
ans =3
```

例 4-10 求函数 $y=\sin x$ 的二阶导数.

在文档窗口输入命令.

```
>> syms x
>> diff(sin(x),2)
ans =-sin(x)
```

例 4-11 求下列方程所确定的函数 $y=f(x)$ 的导数 $\dfrac{\mathrm{d}y}{\mathrm{d}x}$.

① $x\cos x=\sin(x+y)$；　　② $\begin{cases} x=t-\sin t \\ y=1-\cos t \end{cases}$.

在文档窗口输入命令.

```
① >> syms x y
   >> f=x*cos(x)-sin(x+y);
   >> dfx=diff(f,x);
   >> dfy=diff(f,y);
   >> dyx=-dfx/dfy
   dyx =-(-cos(x)+x*sin(x)+cos(x+y))/cos(x+y)
② >> syms t
   >> x=t-sin(t);
   >> y=1-cos(t);
   >> dx=diff(x,t);
   >> dy=diff(y,t);
   >> dy/dx
   ans =sin(t)/(1-cos(t))
```

4.4.4 实验练习

（1）利用软件 MATLAB 求下列函数的导数

① $y=\sin(2^x)$　　② $\ln^2 x^3$

③ $y=x^2\sin\dfrac{1}{x}$　　④ $y=\mathrm{e}^{\sin x}$

（2）求由方程组 $\sin(xy)+xy^2=0$ 确定的隐函数的导数

（3）求函数 $y=(1+x^2)\arctan x$ 的二阶导数

（4）求参数方程$\begin{cases} x = 3\cos t \\ y = 4\sin t \end{cases}$的导数

4.5 求函数积分

4.5.1 实验目的

① 加深理解积分的概念和几何意义.

② 学习并掌握 MATLAB 计算积分的语句.

4.5.2 学习软件 Matlab 的命令

（1）int(f(x))

功能：计算不定积分 $\int f(x)\mathrm{d}x$.

（2）int(f(x), x, a, b)

功能：计算定积分 $\int_a^b f(x)\mathrm{d}x$.

例 4-12 求下列函数的不定积分.

① $\int \frac{1}{x^2}\mathrm{d}x$　　② $\int \sin x\cos x\mathrm{d}x$

在文档窗口输入命令.

①
```
>>  syms x
>> f=1/x^2;
>> int(f)
ans =-1/x
```

可知 $\int \frac{1}{x^2}\mathrm{d}x = -\frac{1}{x} + c$，其中 c 为常数.

②
```
>> syms x
>> f=sin(x)*cos(x)
>> int(f)
ans =1/2*sin(x)^2
```

可知 $\int \sin x\cos x\mathrm{d}x = \frac{1}{2}\sin^2 x + c$，其中 c 为常数.

例 4-13 求下列函数的定积分.

① $\int_{-1}^{1}(x^2+3)^{\frac{1}{2}}\mathrm{d}x$　　② $\int_0^1 x\arctan x\mathrm{d}x$

在文档窗口输入命令.

①
```
>> syms x
>> f=sqrt(x^2+3)
>> int(f,x,-1,1)
ans =2+3/2*log(3)
```

```
② >> syms x
   >> f=x*atan(x);
   >> int(f,0,1)
   ans =1/4*pi-1/2
```

例 4-14 求曲线 $g(x)=x\sin^2 x(0\leqslant x\leqslant\pi)$ 与 x 轴所围成的图形分别绕 x 轴和 y 轴旋转所围成的旋转体的体积.

解 若绕 x 轴旋转，体积 $V=\int_0^{\pi}\pi g^2(x)\mathrm{d}x$

```
>> syms x
>> f=pi*x^2*sin(x)^4;
>> int(f,x,0,pi)
ans =-15/64*pi^2+1/8*pi^4
```

若绕 y 轴旋转，体积 $V=\int_0^{\pi}2\pi xg(x)\mathrm{d}x$

```
>>   syms x
>> f=2*pi*x^2*sin(x)^2;
>> int(f,x,0,pi)
ans =-1/2*pi^2+1/3*pi^4
```

4.5.3 实验内容

（1）利用软件 MATLAB 求下列函数的不定积分

① $\int\frac{1}{1+\cos 2x}\mathrm{d}x$　　② $\int \mathrm{e}^{-2x}\sin 3x\mathrm{d}x$

（2）利用软件 MATLAB 求下列函数的定积分

① $\int_1^{\mathrm{e}}\frac{1+\ln x}{x}\mathrm{d}x$　　② $\int_0^1\sin\sqrt[6]{x}\mathrm{d}x$

4.6 数值计算

4.6.1 实验目的

① 了解 MATLAB 软件中基本的数值计算功能.

② 能够使用 MATLAB 软件进行简单的数值计算.

4.6.2 学习软件 MATLAB 的命令

（1）常数的表示

MATLAB 的数值采用习惯的十进制表示，可以带小数点或负号. 以下记述都合法.

5　　–68　　0.001　　1.3e–3　　4.5e33

在采用 IEEE 浮点算法的计算机上，数值通常采用“占用 64 位内存的双精度”表示. 其相对精度是 eps(MATLAB 的一个特殊变量)，大约保持有效数字 16 位. 数值范围大致从 10^{-308} 到 10^{308}.

（2）变量命名规则

① 变量名、函数名区分字母大小写. 如变量 myvar 和 MyVar 表示两个不同的变量；sin 是 MATLAB 定义的正弦函数名，但 SIN，Sin 等都不是.

② 变量名的第一个字符必须是英文字母，最多可包含 63 个字符（英文、数字和下连符）. 如 my_var101 是合法的变量名.

③ 变量名中不得包含空格、标点、运算符，但可以包含下连符. 如变量名 my_var101 是合法的，且读起来更方便. 而 my，var201 由于逗号的分隔，表示的就不是一个变量名.

④ 关键字（如 if、while 等）不能作为变量名.

（3）特殊变量

MATLAB 有自己的一些特殊变量，是由系统自定义的，当 MATLAB 启动时驻留在内存，但在工作空间中却看不到. 特殊变量如表 4-1 所示。

表 4-1 特殊变量

特殊变量	取值
ans	默认的运算结果变量名，answer 的缩写
pi	圆周率 π
eps	计算机的最小数
flops	浮点运算数
inf	无穷大
NaN 或 nan	非数，如 0/0、∞/∞、0×∞
i 或 j	$i=j=\sqrt{-1}$
nargin	函数输入变量数目
nargout	函数输出变量数目
realmin	最小的可用正实数
realmax	最大的可用正实数

（4）复数

MATLAB 的所有运算都是定义在复数域上的. 这样设计的好处是：在进行运算时，不必像其他程序语言那样把实部、虚部分开处理. 为描述复数，虚数单位用特殊变量 *i* 或 *j* 表示.

MATLAB 中 复数有以下几种表示方式：

z=a+b*i 或 z=a+b*j

z=a+bi 或 z=a+bj（当 b 是常量时）

z=r*exp(i*θ)

可以用 real、imag、abs 和 angle 函数分别得出 1 个复数的实部、虚部、幅值和相角.

（5）数组

在 MATLAB 中，标量数据被看作（1×1）的数组（Array）数据. 所有的数据都被存放在适当大小的数组中. 为加快计算速度（运算的向量化处理），MATLAB 对以数组形式存储的数据设计了两种基本运算：一种是所谓的数组运算；另一种是所谓的矩阵运算. 如表 4-2 中所列.

MATLAB 中创建数组的特殊命令形式有如下几项.

① linspace(a,b,n)

将区间[*a*,*b*]等分成 *n* 个数据. 即将区间[*a*,*b*]做 *n*–1 等分，公差为 $\dfrac{b-a}{n-1}$.

② logspace(a,b,n)

在区间$\left[10^a,10^b\right]$上创建一个包含 n 个数据的等比数列，公式为$10^{\frac{b-a}{n-1}}$.

表 4-2 数组的基本函数

函数名	含义	函数名	含义
abs	绝对值或复数模	rat	有理数近似
sqrt	平方根	mod	模除求余
real	实部	round	四舍五入到整数
imag	虚部	fix	向最接近 0 取整
conj	共轭复数	floor	向最接近+∞取整
sin	正弦	ceil	向最接近−∞取整
cos	余弦	sign	符号函数
tan	正切	rem	求余弦留数
asin	反正弦	exp	自然指数
acos	反余弦	log	自然对数
atan	反正切	log10	以 10 为底的对数
atan2	第 4 象限反正切	pow2	2 的幂
sinh	双曲正弦	bessel	贝塞尔函数
cosh	双曲余弦	gamma	伽马函数
tanh	双曲正切		

（6）数据分析

MATLAB 提供了数据分析函数，可以对较复杂的向量或矩阵元素进行数据分析. 数据分析按照以下原则.

① 如果输入的是向量，则按整个向量进行计算.

② 如果输入的是矩阵，则按列进行运算.

因此，可以将需要分析的数据按列进行分类，而用行表示同类数据的不同样本.

MATLAB 的数据统计包括各列的最大值、最小值等统计和相关分析. 相关分析包括计算协方差和相关系数，相关系数越大说明相关性越强. 如表 4-3 中所列.

表 4-3 数据统计分析函数

函数名	功能
max(X)	矩阵中各列的最大值
min(X)	矩阵中各列的最小值
mean(X)	矩阵中各列的平均值
std(X)	矩阵中各列的标准差，指各元素与该列平均值（*mean*）之差的平方和开方
median(X)	矩阵中各列的中间元素
var(X)	矩阵中各列的方差
C=cov(X)	矩阵中各列的协方差
S=corrcoef(X)	矩阵中各列间的相关系数矩阵，与协方差 $\boldsymbol{C}$ 的关系为：$\boldsymbol{S}(i,j)=\sqrt{\boldsymbol{C}(i,i)\boldsymbol{C}(j,j)}$. 对角线为 x 和 y 的自相关系数
[S,k]=sort(X,n)	沿第维按模增大重新排序，k 为 $\boldsymbol{S}$ 元素的原位置

例 4-15 在命令窗口中输入并计算 $2\times\pi$.

在文档窗口输入命令.

```
>> 2*pi
ans=
    6. 2832
```

例 4-16 在命令窗口中输入复数 $a = 1 - 2i$，并求出复数的实部、虚部、幅值和相角.

在文档窗口输入命令.

```
>> a=1-2*i
a=
    1. 0000-2. 0000i
>> real(a)
ans=
    1
>> imag(a)
ans=
    -2
>> abs(a)
ans=
    2. 2361
>> angle(a)*180/pi                    %以角度为单位计算相角
ans=
    -63. 4349
```

例 4-17 使用数组的算术运算函数.

在文档窗口输入命令.

```
>> t=linspace(0,2*pi,6)
t =
        0    1. 2566    2. 5133    3. 7699    5. 0265    6. 2832
>> y=sin(t)
y =
        0    0. 9511    0. 5878    -0. 5878    -0. 9511    -0. 0000
>> y1=abs(y)

y1 =
        0    0. 9511    0. 5878    0. 5878    0. 9511    0. 0000
>> y2=1-exp(-t). *y
y2 =
    1. 0000    0. 7293    0. 9524    1. 0136    1. 0062    1. 0000
```

4.6.3 实验内容

（1）计算下列各式的值

2.35π　　　　$\ln 536$　　　　e^{-301}

（2）在命令窗口中输入复数 $a=-2+5i$，并求出复数的实部、虚部、幅值和相角

（3）创建任意数组，并使用该数组进行基本函数运算

（4）利用 MATLAB 中数据统计分析函数对某年 1 月份中连续 4 天的温度数据进行简单数据统计分析（表 4-4）.

表 4-4　某年 1 月份中连续 4 天的温度　　单位：℃

平均温度	最高温度	最低温度
5.30	13.00	0.40
5.10	11.80	–1.70
3.70	8.10	0.60
1.50	7.70	–4.50

第 5 章 线性代数实验

5.1 计算行列式

5.1.1 实验目的

① 掌握如何应用 MATLAB 软件中的命令计算行列式的值.

② 加深对行列式的理解.

5.1.2 学习软件 MATLAB 的命令

det(A)

功能：计算行列式 A 的值，其中 A 为 n 阶方阵.

例 5-1 计算行列式 $A=\begin{vmatrix} 1 & 0 & 2 & 1 \\ -1 & 2 & 2 & 3 \\ 2 & 3 & 3 & 1 \\ 0 & 1 & 2 & 1 \end{vmatrix}$ 的值.

```
>> clear
>> A=[1 0 2 1;-1 2 2 3;2 3 3 1;0 1 2 1]
A =
     1     0     2     1
    -1     2     2     3
     2     3     3     1
     0     1     2     1
>> det(A)
ans =14
```

例 5-2 计算行列式 $A=\begin{vmatrix} a & 1 & 0 & 0 \\ -1 & b & 1 & 0 \\ 0 & -1 & c & 1 \\ 0 & 0 & -1 & d \end{vmatrix}$ 的值.

```
>> clear
>> syms a b c d
>> A=[a 1 0 0;-1 b 1 0;0 -1 c 1;0 0 -1 d]
A =
    [  a,  1,  0,  0]
    [ -1,  b,  1,  0]
    [  0, -1,  c,  1]
    [  0,  0, -1,  d]
>> det(A)
ans =a*b*c*d+a*b+a*d+c*d+1
```

5.1.3　实验内容

利用软件 MATLAB 求下列行列式的值.

（1）$\begin{vmatrix} \frac{3}{2} & \frac{1}{2} & -\frac{1}{2} & 0 \\ 5 & 1 & 3 & -1 \\ \frac{2}{3} & 0 & 0 & \frac{1}{3} \\ 0 & -5 & 3 & 1 \end{vmatrix}$　　（2）$\begin{vmatrix} 1 & 1 & 1 \\ a & a & a \\ a^2 & a^2 & a^2 \end{vmatrix}$

5.2　矩阵的运算

5.2.1　实验目的

① 掌握 MATLAB 软件在矩阵运算中的命令.

② 加深对矩阵的理解.

5.2.2　学习软件 MATLAB 的命令

（1）矩阵的运算符号

"+" 加法，"−" 减法，"*" 乘法，"\" 左除，"/" 右除（在 MATLAB 中矩阵可以相除，而在线性代数中并没有定义矩阵的除法），"'" 矩阵的转置.

（2）rref(A)

功能：将矩阵 $\boldsymbol{A}$ 经过初等变换化为与之等价的行阶梯形矩阵.

（3）inv(A)

功能：求矩阵 $\boldsymbol{A}$ 的逆矩阵.

（4）rank(A)

功能：求矩阵 $\boldsymbol{A}$ 的秩.

例 5-3 已知矩阵 $\boldsymbol{A}=\begin{pmatrix}1&2&3\\2&1&2\\3&3&1\end{pmatrix}$ 和 $\boldsymbol{B}=\begin{pmatrix}3&2&4\\2&5&3\\2&3&1\end{pmatrix}$，

① 计算 $2\boldsymbol{A}-\boldsymbol{B}$，$\boldsymbol{AB}$，$\boldsymbol{BA}$，$\boldsymbol{A}'$.

② 将矩阵 $\boldsymbol{A}$ 化为阶梯形矩阵.

③ 求矩阵 $\boldsymbol{A}$ 的逆矩阵.

④ 求矩阵 $\boldsymbol{B}$ 的秩.

解 ① >> clear

```
>> A=[1 2 3;2 1 2;3 3 1];
>> B=[3 2 4;2 5 3;2 3 1];
>> 2*A-B
ans =
    -1     2     2
     2    -3     1
     4     3     1
>> A*B
ans =
    13    21    13
    12    15    13
    17    24    22
>> B*A
ans =
    19    20    17
    21    18    19
    11    10    13
>> A'
ans =
     1     2     3
     2     1     3
     3     2     1
```

② >> rref(A)

```
ans =
     1     0     0
     0     1     0
     0     0     1
```

③ >> inv(A)

```
ans =
   -0. 4167     0. 5833     0. 0833
    0. 3333    -0. 6667     0. 3333
```

0. 2500　　0. 2500　　-0. 2500

④ >> rank(B)

ans =3

5.2.3　实验内容

1）已知矩阵 $A=\begin{pmatrix}1&1&1\\1&2&3\\1&3&6\end{pmatrix}$ 和 $B=\begin{pmatrix}8&1&6\\3&5&7\\4&9&2\end{pmatrix}$，求 $2A+3B$，$B-A$，AB，B'.

2）求下列矩阵的逆矩阵.

① $\begin{pmatrix}1&0&1\\2&1&0\\-3&2&-5\end{pmatrix}$　　② $\begin{pmatrix}3&2&1\\6&4&2\\1&2&5\end{pmatrix}$

③ $\begin{pmatrix}1&0&0&0\\2&1&0&0\\3&2&1&0\\4&3&2&1\end{pmatrix}$　　④ $\begin{pmatrix}1&1&0&0\\1&2&0&0\\3&7&2&3\\2&5&1&2\end{pmatrix}$.

3）求矩阵下列的秩.

① $A=\begin{pmatrix}2&1&1&2\\1&2&2&1\\1&2&1&2\\2&2&1&1\end{pmatrix}$　　② $A=\begin{pmatrix}1&2&2&11\\1&-3&-3&-14\\3&1&1&8\end{pmatrix}$

4）将 $A=\begin{pmatrix}3&1&0&2\\1&-1&2&-1\\1&3&-4&4\end{pmatrix}$ 化为阶梯形矩阵.

5.3　线性方程组

5.3.1　实验目的

掌握如何应用 MATLAB 软件解线性方程组.

5.3.2　学习软件 MATLAB 的命令

（1）解齐次线性方程组 AX=0

通过求系数矩阵 A 的秩来判断解的情况：

① 如果系数矩阵的秩为 n（方程组中未知数的个数），则方程组只有零解；

② 如果系数矩阵的秩小于 n，则方程组有无穷多解.

（2）解非齐次线性方程组 $AX=b$

根据系数矩阵 A 的秩和增广矩阵 $\bar{A}=\begin{pmatrix}A & b\end{pmatrix}$ 的秩和未知数个数 n 的关系，判断方程组 $AX=b$ 的解的情况：

① 如果系数矩阵的秩等于增广矩阵的秩等于 n，则方程组有唯一解；

② 如果系数矩阵的秩等于增广矩阵的秩小于 n，则方程组有无穷多解；

③ 如果系数矩阵的秩小于增广矩阵的秩，则方程组无解.

（3）所用相关命令有 rref(A)，rank(A)，inv(A)

例 5-4 求解齐次线性方程组 $\begin{cases}-x_1-2x_2+4x_3=0\\ 2x_1+x_2+x_3=0\\ x_1+x_2-x_3=0\end{cases}$.

解

```
>>clear
>> A=[-1 -2 4;2 1 1;1 1 -1];
>>rank(A)
ans=2
>>rref(A)
ans =
      1    0    2
      0    1   -3
      0    0    0
```

说明方程有无穷多解，并且解为 $x_1=-2c, x_2=3c, x_3=c$.

例 5-5 解线性方程组 $AX=b, A=\begin{pmatrix}2 & 1 & 2\\ 2 & 1 & 4\\ 3 & 2 & 1\end{pmatrix}, b=\begin{pmatrix}3\\ 1\\ 7\end{pmatrix}$.

解

```
>> clear
>> A=[2 1 2;2 1 4;3 2 1]
>> b=[3 1 7]';
>> X=A\b
X =
    2. 0000
    1. 0000
   -1. 0000
```

方程组的解为 $(2,1,-1)$.

例 5-6 解方程组 $\begin{cases}x_1-x_2+x_3-x_4=1\\ -x_1+x_2+x_3-x_4=1\\ 2x_1-2x_2-x_3+x_4=-1\end{cases}$.

解

```
>>clear
```

```
>> A=[1 -1 1 -1;-1 1 1 -1;2 -2 -1 1];
>> b=[1 1 -1]';
>>C=[rank(A)   rank([A b])]
C=
     2     2
```

表示 $\boldsymbol{A}$ 的秩为 2，$\bar{\boldsymbol{A}}$ 的秩为 2，小于未知数的个数 4.

再输入

```
>> rref([A b])
ans =
     1    -1     0     0     0
     0     0     1    -1     1
     0     0     0     0     0
```

方程组的解为 $x_1 = x_2, x_3 = x_4 + 1$（x_2, x_4 任意）.

5.3.3 实验内容

1）已知矩阵 $\boldsymbol{A}=\begin{pmatrix}2 & 1 & -1\\ 2 & 1 & 0\\ 1 & -1 & 1\end{pmatrix}$ 和 $\boldsymbol{B}=\begin{pmatrix}1 & -1 & 3\\ 4 & 3 & 2\\ 1 & -2 & 5\end{pmatrix}$，求 $\boldsymbol{AX}=\boldsymbol{B}$，$\boldsymbol{XA}=\boldsymbol{B}$.

2）解下列线性方程组.

① $\begin{cases}x_1 + x_2 + 2x_3 - x_4 = 0\\ 2x_1 + x_2 + x_3 - x_4 = 0\\ 2x_1 + 2x_2 + x_3 - 2x_4 = 0\end{cases}$

② $\begin{cases}3x_1 + 4x_2 - 5x_3 + 7x_4 = 0\\ 2x_1 - 3x_2 + 3x_3 - 2x_4 = 0\\ 4x_1 + 11x_2 - 13x_3 + 16x_4 = 0\\ 7x_1 - 2x_2 + x_3 + 3x_4 = 0\end{cases}$

③ $\begin{cases}2x_1 - x_2 + 3x_3 = -7\\ 4x_1 + 2x_2 + 5x_3 = -8\\ 2x_1 + 2x_3 = 7\end{cases}$

④ $\begin{cases}x_1 + 2x_2 - 3x_3 = 13\\ 2x_1 + 3x_2 + x_3 = 4\\ 3x_1 - x_2 + 2x_3 = -1\\ x_1 - x_2 + 3x_3 = -8\end{cases}$

⑤ $\begin{cases}2x_1 + x_2 - x_3 + x_4 = 1\\ 3x_1 - 2x_2 + 2x_3 - 3x_4 = 2\\ 5x_1 + x_2 - x_3 + 2x_4 = -1\\ 2x_1 - x_2 + x_3 - 3x_4 = 4\end{cases}$

第 6 章 离散数学实验

6.1 实验目的

① 了解关系运算和逻辑运算.

② 掌握如何应用 MATLAB 软件进行简单的逻辑运算.

6.2 学习软件 MATLAB 的命令

（1）关系运算

MATLAB 提供了 6 种关系运算，其结果返回“1”或“0”，表示运算关系是否成立. 关系运算符见表 6-1.

表 6-1　关系运算符

运 算 符	功　能	运 算 符	功　能
<	小于	>=	大于等于
<=	小于等于	= =	等于
>	大于	~ =	不等于

关系运算符通常用于程序的流程控制中，常用 if、while、for、switch 与等控制命令联合使用.

（2）逻辑运算

在 MATLAB 中，有 3 种逻辑运算符用于逻辑运算，它们是“与”运算符“&”（或 AND）、“或”运算符“|”（或 OR）、“非”运算符“~”（或 NOT）. 其中“&”和“|”是对同阶矩阵中的对应元素进行逻辑运算，如果其中一个是标量，则标量逐个与矩阵中的每一个元素进行逻辑运算. “~”用于对单个矩阵或标量进行取反运算.

“&”（与）运算：当运算双方对应元素的值均为非 0 时，结果为 1，否则为 0.

“|”（或）运算：当运算双方对应元素的值有一个为非 0 时，结果为 1，否则为 0.

“~”（非）运算：当元素的值为 0 时，结果为 1，否则为 0.

（3）逻辑函数与关系函数

除了关系运算符和逻辑运算符外，MATLAB 还提供了更为方便的逻辑函数和关系函数

（表 6-2）.

表 6-2　关系函数和逻辑函数

函数名称	功能	函数名称	功能
all(x)	检查 x 是否全为 1(TRUE)	isglobal(x)	检查 x 是否为全局变量
any(x)	检查 x 是否有不为 0 的元素	isinf(x)	检查 x 是否为无穷大
exist(x)	检查变量、函数或文件的存在性和类别	isnan(x)	检查 x 是否为 NaN
find(x)	找出非 0 元素的位置标识	issparse(x)	检查 x 是否为稀疏矩阵
isempty(x)	检查 x 是否为空阵	isstr(x)	检查 x 是否为字符串
isfinite(x)	检查 x 是否为有限值	xor(x,y)	执行异或运算（$x \otimes y$）

例 6-1　矩阵 $\boldsymbol{a}=(0, -1, 2)$和 $\boldsymbol{b}=(-3, 1, 2)$均为 1×3 阶矩阵，使用关系运算符对对应元素进行比较.

解

```
>> a=[0   -1   2];
>> b=[-3   1   2];
>> a<b
ans =
      0      1      0
>> a<=b
ans =
      0      1      1
>> a>b
ans =
      1      0      0
>> a>=b
ans =
      1      0      1
>> a==b
ans =
      0      0      1
>> a~=b
ans =
      1      1      0
```

例 6-2　矩阵 $\boldsymbol{a}=\begin{pmatrix}1 & 0 & 3\\ 0 & -1 & 6\end{pmatrix}$和 $\boldsymbol{b}=\begin{pmatrix}-1 & 0 & 0\\ 0 & 5 & 0.3\end{pmatrix}$均为 2×3 阶矩阵，使用逻辑运算符计算对应元素.

解

```
>> a=[1   0   3;0   -1   6];
>> b=[-1   0   0;0   5   0.3];
>> a&b
ans =
      1      0      0
```

```
        0     1     1
>> a | b
ans =
        1     0     1
        0     1     1
>> ~a
ans =
        0     1     0
        1     0     0
>> ~b
ans =
        0     1     1
        1     0     0
```

6.3 实验内容

1）矩阵 $\boldsymbol{a}=(5,-0.3,0)$ 和 $\boldsymbol{b}=(5,1,7)$ 均为 1×3 阶矩阵，使用关系运算符对对应元素进行比较.

2）矩阵 $\boldsymbol{a}=\begin{pmatrix}2 & 3 & 0\\ -1 & 0 & 6\end{pmatrix}$ 和 $\boldsymbol{b}=\begin{pmatrix}0.8 & 0 & 0\\ -1 & 0 & 5\end{pmatrix}$ 均为 2×3 阶矩阵，使用逻辑运算符计算对应元素.

第 7 章

优化问题

7.1 线性规划

7.1.1 实验目的

① 理解线性规划问题.

② 掌握用 MATLAB 求解线性规划的方法.

7.1.2 学习软件 MATLAB 的命令

线性规划是一种特殊的优化问题，在这种优化问题中，目标函数和约束条件都是线性的，对于这种优化问题，可以使用比较特殊的方法来求解。线性规划的数学模型为：

$$\begin{cases} \min(\max) z = f_1x_1 + f_2x_2 + \cdots + f_nx_n \\ s.t. \quad a_{11}x_1 + a_{12}x_2 + \cdots + a_{1n}x_n \leqslant (=,\geqslant) b_1 \\ \qquad a_{21}x_1 + a_{22}x_2 + \cdots + a_{2n}x_n \leqslant (=,\geqslant) b_2 \\ \qquad \cdots \\ \qquad a_{m1}x_1 + a_{m2}x_2 + \cdots + a_{mn}x_n \leqslant (=,\geqslant) b_m \\ \qquad x_i \geqslant 0 (i = 1,2,\cdots,n) \end{cases}$$

令

$$\boldsymbol{A} = \begin{pmatrix} a_{11} & a_{12} & \cdots & a_{1n} \\ a_{21} & a_{22} & \cdots & a_{2n} \\ \cdots & \cdots & \cdots & \cdots \\ a_{m1} & a_{m2} & \cdots & a_{mn} \end{pmatrix}, \quad \boldsymbol{x} = \begin{pmatrix} x_1 \\ x_2 \\ \cdots \\ x_n \end{pmatrix}, \quad \boldsymbol{f} = \begin{pmatrix} f_1 \\ f_2 \\ \cdots \\ f_n \end{pmatrix}, \quad \boldsymbol{b} = \begin{pmatrix} b_1 \\ b_2 \\ \cdots \\ b_n \end{pmatrix}$$

则线性规划问题可简化为

$$\begin{cases} \min(\max) z = f^{\mathrm{T}} x \\ s.t. \quad Ax_n \leqslant (=,\geqslant) b \\ \qquad x_i \geqslant 0 (i = 1,2,\cdots,n) \end{cases}$$

式中，$\boldsymbol{x}$ 称为决策向量；$\boldsymbol{f}$ 为常数项量；$\boldsymbol{b}$ 非负常数向量；$\boldsymbol{A}$ 为常数矩阵。

典型的线性规划问题为：

$$\begin{cases} \min\limits_{x} \ \boldsymbol{f}^{\mathrm{T}} x \\ s.t. \quad \boldsymbol{A} \cdot \boldsymbol{x} \leqslant b \\ Aeq \cdot \boldsymbol{x} = beq \\ \boldsymbol{lb} \leqslant \boldsymbol{x} \leqslant \boldsymbol{ub} \end{cases}$$

在 MATLAB 中，求解线性规划的命令为 linprog，其命令格式如下.

x = linprog(f,A,b)　　　　　　　%求解线性规划问题

x = linprog(f,A,b,Aeq,beq)

%求解线性规划问题：　　　　　　$\min z = f^{\mathrm{T}} x, \boldsymbol{Ax} \leqslant \boldsymbol{b}, Aeq \cdot \boldsymbol{x} = beq.$

x = linprog(f,A,b,Aeq,beq,lb,ub)　　%指定 $\boldsymbol{lb} \leqslant \boldsymbol{x} \leqslant \boldsymbol{ub}$

x = linprog(f,A,b,Aeq,beq,lb,ub,x0)　　%指定迭代初值 x0

如果没有不等式约束，可用[]替代 A 和 b 表示默认，如果没有等式约束，可用[]替代 Aeq 和 beq 表示默认。用[x,fval]代替上述各命令行中左边的 x，则可得到最优解处的函数值 fval。

例 7-1 求解线性规划问题 $\begin{cases} \min \ z = -5x_1 - 4x_2 - 6x_3 \\ s.t. \quad x_1 - x_2 + x_3 \leqslant 20 \\ 3x_1 + 2x_2 + 4x_3 \leqslant 42 \\ 3x_1 + 2x_2 \leqslant 30 \\ x_i \geqslant 0 (i = 1, 2, 3) \end{cases}$

解 在命令窗口输入

```
>> f=[-5;-4;-6];
>> A=[1,-1,1;3,2,4;3,2,0];
>> b=[20;42;30];
>> lb=zeros(3,1);
>> [x,feval]=linprog(f,A,b,[],[],lb)
```

结论.（Optimization terminated.）

```
x =
    0.0000
    15.0000
    3.0000
feval =
   -78.0000
```

7.1.3 实验内容

求解线性规划，其目标函数为 $f(x) = -3x_1 - 2x_2$，其中参数满足以下关系 $0 \leqslant x_1, x_2 \leqslant 10$，同时，该目标函数满足以下约束

$$\begin{cases} 2x_1 + x_2 \leqslant 3 \\ 3x_1 + 4x_2 \leqslant 7 \\ -3x_1 + 2x_2 = 2 \end{cases}$$

7.2　非线性规划

7.2.1　实验目的

① 理解非线性规划问题.

② 掌握用 MATLAB 求解非线性规划的方法.

7.2.2　学习软件 MATLAB 的命令

在数学规划问题中，若目标函数或约束条件中至少有一个是非线性函数，这类问题称为非线性规划问题，简记为 NP。非线性规划的数学模型可以具有不同的形式，但不同形式之间往往可以进行转换，因此非线性规划问题的一般形式可以表示为：

$$\min \quad f(x), x \in E^n$$
$$s.t.\begin{cases} h_i(x), \ i = 1,2,\cdots,m \\ g_i(x), \ j = 1,2,\cdots,l \end{cases}$$

式中，$x = [x_1, x_2 \cdots x_n]^{\mathrm{T}}$ 称为模型的决策变量；f 称为目标函数；$h_i(x)$ $(i = 1,2,\cdots,m)$ 和 $g_i(x)$ $(j = 1,2,\cdots,l)$ 称为约束函数；$h_i(x) = 0$ $(i = 1,2,\cdots,m)$ 称为等式约束；$g_i(x) \leqslant 0$ $(j = 1,2,\cdots,l)$ 称为不等式约束。

在 MATLAB 中，非线性规划问题可以表示为：

$$\min \quad f(x)$$
$$s.t.\begin{cases} \boldsymbol{Ax} \leqslant \boldsymbol{b}, \text{(线性不等式约束)} \\ Aeq\,\boldsymbol{x} = beq, \text{(非线性等式约束)} \\ C(x) \leqslant 0, \text{(非线性不等式约束)} \\ Ceq(x)=0, \text{(非线性等式约束)} \\ \boldsymbol{lb} \leqslant x \leqslant \boldsymbol{ub}, \text{(有界约束)} \end{cases}$$

求解式的 MATLAB 命令函数为 fmincon()，根据规划问题的不同条件，调用格式分别为：

```
x = fmincon(fun,x0,A,b)
x = fmincon(fun,x0,A,b,Aeq,beq)
x = fmincon(fun,x0,A,b,Aeq,beq,lb,ub)
x = fmincon(fun,x0,A,b,Aeq,beq,lb,ub,nonlcon)
```

其中可用[ ]替代 A 和 b，Aeq 和 beq，lb 和 ub 表示省略。

fun 写成如下的 M 函数形式（fun.m）.

```
function f=fun(x)
f=f(x)
```

非线性约束条件写成如下的 MATLAB 函数形式（nonlcon.m）.

function [c,ceq]= nonlcon(x)

c=c(x)

ceq=ceq(x)

[x,fval] = fmincon(…)：同时返回解 x 处的函数值。

例 7-2 求解非线性规划

$$\begin{cases} \max f(x) = \dfrac{x_1^2 x_2 x_3^2}{2x_1^3 x_3^2 + 3x_1^2 x_2^2 + 2x_2^2 x_3^3 + x_1^3 x_2^2 x_3^2} \\ s.t. \\ \quad x_1^2 + x_2^2 + x_3^2 \geqslant 1 \\ \quad x_1^2 + x_2^2 + x_3^2 \leqslant 4 \\ \quad x_i > 0 (i = 1,2,3) \end{cases}$$

解 编写目标函数 M 函数 ch10_2fun.m 如下.

>> function f= ch10_2fun(x) %目标函数

>>f=-x(1)^2* x(2)* x(3)^2/(2*x(1)^3* x(3)^2+ 3*x(1)^2* x(2)^2+ x(1)^3* x(2)^2 * x(3)^2);

编写约束函数 M 函数 ch10_2con.m 如下.

>> function [c,cep]= confun(x)

%约束函数

%非线性不等式约束

>> c=[-x(1)^2- x(2)^2- x(2)^2+1; x(1)^2+ x(2)^2+x(2)^2-4]

%非线性等式约束

>> ceq=[]

>>[x,fval]=fmincon(@ch10_2fun,[1,1,1],[ ],[ ],[ ],[ ],[0,0,0],[ ],@ch10_2con)

7.2.3 实验内容

求解非线性规划，其目标函数为 $\min f(x) = -x_1 x_2 x_3$，其中参数满足以下关系 $x_1 x_2 x_3 \geqslant 10$，同时，该目标函数满足以下约束

$$\begin{cases} -x_1 - 2x_2 - 2x_3 \leqslant 3 \\ x_1 + 2x_2 + 2x_3 \leqslant 7 \end{cases}$$

7.3 动态规划

7.3.1 实验目的

① 理解动态规划问题.

② 会运用 MATLAB 求解简单的动态规划问题.

7.3.2 学习软件 MATLAB 的命令

动态规划（Dynamic Programming）是运筹学的一个分支，是求解多阶段决策问题的最优

化方法。20 世纪 50 年代初 R. E. Bellman 等在研究多阶段决策过程（Multistep Decision Process）的优化问题时，提出了著名的最优性原理（Principle of Optimality），把多阶段过程转化为一系列单阶段问题，逐个求解，创立了解决这类过程优化问题的新方法——动态规划.

示例 1：最短路线问题.

图 7-1 为一个线路网，连线上的数字表示两点之间的距离（或费用）. 试寻求一条由 A 到 E 最短（或费用最省）的路线.

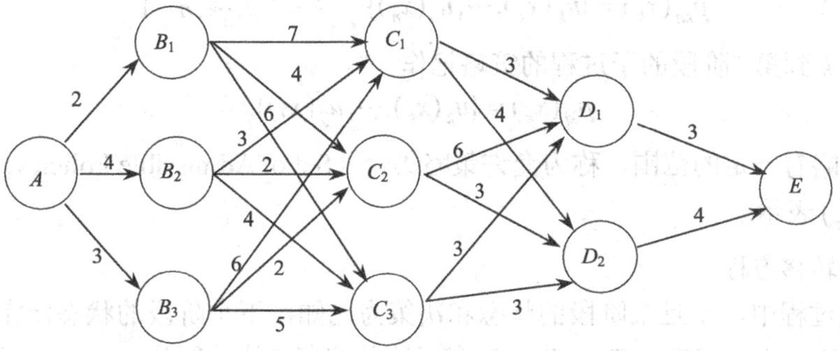

图 7-1　线路图

7.3.2.1　动态规划的基本概念和基本方程

一个多阶段决策过程最优化问题的动态规划模型通常包含以下要素.

（1）阶段

阶段（Step）是对整个过程的自然划分。通常根据时间顺序或空间顺序特征来划分阶段，以要便于将问题转化为阶段决策的过程。描述阶段的变量称为阶段变量，常用自然数 k 表示。如在示例 1 中可划分为 4 个阶段求解，k=1,2,3,4。其中由 A 出发为 k=1，由 $B_i(i=1,2,3)$出发为 k=2 等.

（2）状态

状态（State）表示每个阶段开始时过程所处的自然状况.它应能描述过程的特征并且无后效性，即当某阶段的状态变量给定时，这个阶段以后过程的演变与该阶段以前各阶段的状态无关. 通常还要求状态是直接或间接可以观测的.

描述状态的变量称状态变量（State Variable），变量允许取值的范围称允许状态集合（Set of Admissible States）. 它可以是一个数或一个向量. 常用 x_k 表示第 k 阶段的允许状态变量，用 X_k 表示第 k 阶段的允许状态集合. 通常一个阶段有若干个状态. 第 k 阶段的状态就是该阶段所有始点的集合。如示例 1 中 $X_1=\{x_1=A\}$，$X_2=\{x_2=B_i,\ i=1,2,3\}$，$X_3=\{x_3=C_i,\ i=1,2,3\}$，$X_4=\{x_4=D_i,\ i=1,2\}$.

（3）决策

当一个阶段的状态确定后，可以作出各种选择从而演变到下一阶段的某个状态，这种选择手段称为决策（Decision），在最优控制问题中也称为控制（Control）。

描述决策的变量称决策变量（Decision Variable），变量允许取值的范围称允许决策集合（Set of Admissible Decisions）。用 $u_k(x_k)$ 表示第 k 阶段处于状态 x_k 时的决策变量，它是 x_k 的函数，用 $u_k(x_k)$ 表示 x_k 的允许决策集合.

如在示例 1 的第二阶段中，若从 B_1 出发，$U_2(B_1)=\{B_1C_1,\ B_1C_2,\ B_1C_3\}$，如果决定选取 B_1C_2，

则$U_2(B_1)=B_1C_2$.

（4）策略

决策组成的序列称为策略（Policy）。当 k=1 时，由初始状态 x_1 开始的全过程的策略记作 $p_{1n}(x_1)$，即

$$p_{1n}(x_1)=\{u_1(x_1),u_2(x_2),\cdots,u_n(x_n)\}.$$

由第 k 阶段的状态 x_k 开始到终止状态的后部子过程的策略记作 $p_{kn}(x_k)$，即

$$p_{kn}(x_k)=\{u_k(x_k),\cdots,u_n(x_n)\},\quad k=1,2,\cdots,n-1.$$

类似地，由第 k 到第 j 阶段的子过程的策略记作

$$p_{kj}(x_k)=\{u_k(x_k),\cdots,u_j(x_j)\}.$$

可供选择的策略有一定的范围，称为允许策略集合（Set of Admissible Policies），用 $p_{1n}(x_1)$，$p_{kn}(x_k)$，$p_{kj}(x_k)$ 表示.

（5）状态转移方程

在确定性过程中，一旦某阶段的状态和决策为已知，下个阶段的状态便完全确定. 用状态转移方程（Equation of State Transition）表示这种演变规律，写作

$$x_{k+1}=T_k(x_k,u_k),k=1,2,\cdots,n. \tag{7-1}$$

（6）指标函数和最优值函数

指标函数（Objective Function）是衡量过程优劣的数量指标，它是定义在全过程和所有后部子过程上的数量函数，用$V_{kn}(x_k,\ u_k,\ x_{k+1},\cdots,\ x_{n+1})$表示，$k$=1,2,⋯,$n$. 指标函数应具有可分离性，即$V_{kn}$ 可表示为x_k，u_k,$V_{(k+1)n}$ 的函数，记为

$$V_{kn}(x_k,u_k,x_{k+1},\cdots,x_{n+1})=\varphi_k(x_k,u_k,V_{k+1n}(x_{k+1},u_{k+1},x_{k+2}\cdots,x_{n+1}))$$

并且函数φ_k 对于变量$V_{(k+1)n}$是严格单调的.

常见的指标函数形式有阶段指标之和、阶段指标之积与阶段指标之极大（或极小）.

阶段指标之和，即

$$V_{kn}(x_k,u_k,x_{k+1},\cdots,x_{n+1})=\sum_{j=k}^{n}v_j(x_j,u_j),$$

阶段指标之积，即

$$V_{kn}(x_k,u_k,x_{k+1},\cdots,x_{n+1})=\prod_{j=k}^{n}v_j(x_j,u_j),$$

阶段指标之极大（或极小），即

$$V_{kn}(x_k,u_k,x_{k+1},\cdots,x_{n+1})=\max_{k\leqslant j\leqslant n}(\min)v_j(x_j,u_j).$$

从第 k 阶段的状态 x_k 开始采用最优子策略 $P_{k,n}^*$ 到第 n 阶段终止所得到的指标函数称为最优值函数，记为 $f_k(x_k)$，即：

$$f_k(x_k)=\underset{p_{kn}\in P_{kn}(x_k)}{\text{opt}}\ V_{kn}(x_k,p_{kn}),$$

其中，opt 可根据具体情况取 max 或 min.

在示例 1 中，指标函数V_{kn} 表示在第 k 阶段由点 x_k 至终点 E 的距离；$f_k(x_k)$表示第 k 阶段点 x_k 到终点 E 的最短距离；$f_2(B_1)=11$表示从第 2 阶段中的点 B_1 到点 E 的最短距离.

（7）最优策略和最优轨线

使指标函数 V_{kn} 达到最优值的策略是从 k 开始的后部子过程的最优策略，记作 $P_{k,n}^{*}=\left\{u_{k}^{*},\cdots u_{n}^{*}\right\}$．$P_{1n}^{*}$ 是全过程的最优策略，简称最优策略（Optimal Policy）．从初始状态 $x_1(=x_1^*)$ 出发，过程按照 P_{1n}^{*} 和状态转移方程演变所经历的状态序列 $\left\{x_1^*,x_2^*,\cdots,x_{n+1}^*\right\}$ 称最优轨线（Optimal Trajectory）．

（8）递归方程

如下方程称为递归方程.

$$\begin{cases} f_{n+1}(x_{n+1})=0\text{或}1 \\ f_k(x_k)=\underset{u_k\in U_k(x_k)}{\text{opt}}\ \{v_k(x_k,u_k)\otimes f_{k+1}(x_{k+1})\},k=n,\cdots,1 \end{cases} \tag{7-2}$$

动态规划递归方程是动态规划的最优性原理的基础，即：最优策略的子策略构成最优子策略. 用状态转移方程（7-1）和递归方程（7-2）求解动态规划的过程，是由 $k=n+1$ 逆推至 $k=1$，故这种解法称为逆序解法。

7.3.2.2　逆序算法的基本方程

由式（7-1）与式（7-2）可得动态规划逆序求解的基本方程为：

$$\begin{cases} f_{n+1}(x_{n+1})=0 \\ x_{k+1}=T_k(x_k,u_k) \qquad (k=n,\cdots,1) \\ f_k(x_k)=\text{opt}\{v_k(x_k,u_k)+f_{k+1}(x_{k+1})\} \end{cases}$$

基本方程在动态规划逆序求解中起本质作用，称为动态规划的数学模型.

如果一个问题能用动态规划方法求解，那么可按下列步骤建立动态规划的数学模型：

① 将过程划分为恰当的阶段；

② 正确选择状态变量 x_k，使它既能描述过程的状态，又满足无后效性，同时确定允许状态集合 X_k；

③ 选择决策变量 u_k，确定允许决策集合 $u_k(x_k)$；

④ 写出状态转移方程；

⑤ 确定阶段指标 $v_k(x_k,u_k)$ 及指标函数 V_{kn} 的形式（阶段指标之和、阶段指标之积、阶段指标之极大或极小等）；

⑥ 写出基本方程即最优值函数满足的递归方程，以及端点条件.

7.3.2.3　逆序算法的 MATLAB 程序

具体程序如下.

```
function [p_opt,fval]= dynprog(x,DecisFun,ObjFun,TransFun)
% TransFun input x  状态变量组成的矩阵，其第 k 列是阶段 k 的状态 xk 的取值
% DecisFun(k,xk)由阶段 k 的状态变量 xk 求出相应的允许决策变量的函数
% ObjFun(k,sk,uk)阶段指标函数 vk=(sk，uk)
% TransFun(k,sk,uk)状态转移方程 Tk(sk，uk)
% Output p_opt[阶段数 k，状态 xk，决策 uk，指标函数值 fk(sk)]4 个列向量
% fval 最优函数值
k=length(x(1,:));       %k 为阶段总数
```

```
x_isnan=~isnan(x);
f_vub=inf;
f_opt=nan*ones(size(x));
d_opt=f_opt;
t_vubm=inf*ones(size(x));
%以下计算最后阶段的相关值
tmp1=find(x_isnan(:,k));
tmp2=length(tmp1);
for i=1:tmp2
      u=feval(DecisFun,k,x(i,k));
      tmp3=length(u);
      for j=1:tmp3
            tmp=feval(ObjFun,k,x(tmp1(i),k),u(j));
            if tmp<=t_vub,
                  f_opt(i,k)=tmp;
                  f_opt(i,k)=tmp;
                  d_opt(i,k)=u(j);
                  t_vub=tmp;
          end
    end
end
% 逆推计算各阶段的递归调用程序
for ii=k-1:-1:1
    tmp10=find(x_isnan(:,ii));
    tmp20=length(tmp10);
    for i=1:tmp20
        u=feval(DecisFun,ii,x(i,ii));
        tmp30=length(u);
        for j=1:tmp30
            tmp00=feval(ObjFun,ii,x(tmp10(i),ii),u(j));
            tmp40=feval(TransFun,ii,x(tmp10(i),ii),u(j));
            tmp50=x(:,ii+1)-tmp40;
            tmp60=find(tmp50==0);
            if ~isempty(tmp60),
                tmp00=tmp00+f_opt(tmp60(1),ii+1);
                if tmp00<=t_vubm(i,ii)
                    f_opt(i,ii)=tmp00;
                    d_opt(i,ii)=u(j);
```

```
                t_vubm(i,ii)=tmp00;
            end
        end
    end
  end
end
% 记录最优决策、最优轨线和相应指标函数值
p_opt=[];
tmpx=[];
tmpd=[];
tmpf=[];
tmp0=find(x_isnan(:,1));
fval=f_opt(tmp0,1);
tmp01=length(tmp0);
for i=1:tmp01,
  tmpd(i)=d_opt(tmp0(i),1);
  tmpx(i)=x(tmp0(i),1);
  tmpf(i)=feval(ObjFun,1,tmpx(i),tmpd(i));
  p_opt(k*(i-1)+1,[1,2,3,4])=[1,tmpx(i),tmpd(i),tmpf(i)];
  for ii=2:k
    tmpx(i)=feval(TransFun,ii-1,tmpx(i),tmpd(i));
    tmp1=x(:,ii)-tmpx(i);
    tmp2=find(tmp1==0);
    if ~isempty(tmp2)
      tmpd(i)=d_opt(tmp2(1),ii);
    end
    tmpf(i)=feval(ObjFun,ii,tmpx(i),tmpd(i));
    p_opt(k*(i-1)+ii,[1,2,3,4])=[ii,tmpx(i),tmpd(i),tmpf(i)];
  end
end
```

7.3.3 实验内容

调用 dynprog.m 计算示例 1 中的最短路线.

[分析] 为了方便，将路径的顶点编号，A 编 1 号，B_1、B_2、B_3 分别编为 2 号、3 号、4 号，C_1、C_2、C_3 分别编为 5 号、6 号、7 号，D_1、D_2 分别编为 8 号、9 号，E 编 10 号。根据示例 1 建立的模型，编写出下面 3 个 M 函数，并在主程序中调用参考程序 dynprog.m 进行计算。

```
%M 函数 DecisF4_1
%在阶段 k 由状态变量 x 的值求出相应的决策变量的所有取值的函数
```

```
function u= DecisF4_1(k,x)
if x==1
    u=[2,3,4]
elseif(x==2) | (x==3) | (x==4),
    u=[5,6,7];
elseif(x==5) | (x==6) | (x==7),
    u=[8,9];
elseif(x==8) | (x==9),
    u=10;
elseif x==10,
    u=10;
end
%M 函数 ObjF4_1
%阶段 k 的指标函数
function v=ObjF4_1(k,x,u)
tt=[2;4;3;7;4;6;3;2;4;6;2;5;3;4;6;3;3;3;3;4];

tmp=[x==1 & u==2,x==1 & u==3, x==1 & u==4,x==2 & u==5, x==2 & u==6,x==2 & u==7,...
  x==3 & u==5,x==3 & u==6, x==3 & u==7,x==4 & u==5, x==4 & u==6,x==4 & u==7, ...
  x==5 & u==8,x==5 & u==9, x==6 & u==8,x==6 & u==9, x==7 & u==8,x==7 & u==9, ...
  x==8 & u==10,x==9 & u==10];
v=tmp*tt;
%M 函数 TransF4_1
%状态转移函数
function y= TransF4_1(k,x,u)
y=u
%调用 dynprog.m 的主程序
>>clear all;
x=nan*ones(3,5);
x(1,1)=1;
x(1:3,2)=[2;3;4];
x(1:3,3)=[5;6;7];
x(1:2,4)=[8;9];
x(1,5)=10;
[p,f]= dynprog(x,'DecisF4_1','ObjF4_1','TransF4_1')

p=
```

1	1	4	3
2	4	6	2
3	6	9	3
4	9	10	4
5	10	10	0

f=

12

可见从 A 到 E 的最短距离为 12，最短线路按顶点序号为 1→4→6→9→10，即 $A \to B_1 \to C_2 \to D_2 \to E$.

第 三 篇

实践篇

项目 1
制订资金最优使用方案

设有 400 万元资金，要求在 4 年内使用完，若在一年内使用 x 万元，则可获得效益 $\sqrt{x}$ 万元（设效益不再投资），当年不用的资金可存入银行，年利率为 10%. 试制订出这笔资金的使用方案，以使 4 年的经济效益总和为最大.

题目分析：针对现有资金 400 万元，对于不同的使用方案，4 年内所获得的效益的总和是不相同的. 如，第一年就将 400 万元全部用完，获得的效益总和为 $\sqrt{400}=20$ 万元；若前三年均不用用这些资金，而将其存入银行，则第四年时的本息和为 $400\times1.1^3=532.4$ 万元，再将它全部用完，则总效益和为 23.07 万元，比第一种方案效益多 3 万元. 所以可以制订出一种最优的使用方案，以使 4 年的经济效益总和为最大.

建立模型：设 x_i 表示第 i 年所使用的资金数，T 表示 4 年的效益总和，则目标函数为

$$\max \quad T=\sqrt{x_1}+\sqrt{x_2}+\sqrt{x_3}+\sqrt{x_4}$$

决策变量的约束条件：每一年所使用资金数既不能为负数，也不能超过当年所拥有的资金数，即第一年使用的资金数 x_1，满足

$$0\leqslant x_1\leqslant 400$$

第二年资金数 x_2，满足

$$0\leqslant x_2\leqslant(400-x_1)\times1.1$$

（第一年未使用资金存入银行一年后的本利和）

第三年资金数 x_3，满足

$$0\leqslant x_3\leqslant[(400-x_1)\times1.1-x_2]\times1.1$$

第四年资金数 x_4，满足

$$0\leqslant x_4\leqslant\{[(400-x_1)\times1.1-x_2]\times1.1-x_3\}\times1.1$$

这样资金使用问题的数学模型为：

$$\max \quad T=\sqrt{x_1}+\sqrt{x_2}+\sqrt{x_3}+\sqrt{x_4}$$

$$s.t.\begin{cases} x_1\leqslant 400 \\ 1.1x_1+x_2\leqslant 440 \\ 1.21x_1+1.1x_2+x_3\leqslant 484 \\ 1.331x_1+1.21x_2+1.1x_3+x_4\leqslant 532.4 \\ x_1,x_2,x_3,x_4\geqslant 0 \end{cases}$$

模型的求解：这是非线性规划模型的求解问题，可选用函数

[x,fval]=fmincon(fun,x0,a,b,Aeq,beq,lb,ub)

对问题进行求解. 首先，将目标函数改写为：

$$\max \quad T=-\sqrt{x_1}-\sqrt{x_2}-\sqrt{x_3}-\sqrt{x_4}$$

其次，约束条件表示为： $\begin{cases} Ax\leqslant b \\ lb\leqslant x\leqslant ub \end{cases}$

其中各输入参数为：

$$\boldsymbol{X}=[x_1,x_2,x_3,x_4]^T,\ \mathrm{lb}=[0,0,0,0]^T,\ \mathrm{ub}=[400,1000,1000,1000]^T$$

$$\boldsymbol{A}=\begin{bmatrix} 1.1 & 1 & 0 & 0 \\ 1.21 & 1.1 & 1 & 1 \\ 1.331 & 1.21 & 1.1 & 1 \end{bmatrix},\quad \boldsymbol{b}=\begin{bmatrix} 440 \\ 484 \\ 532.4 \end{bmatrix}$$

首先编写目标函数的 M 文件，并将其保存为 totle.m.

```
function y=totle(x)
y= –sqrt(x(1))–sqrt(x(2))–sqrt(x(3))–sqrt(x(4));
```

编写主程序如下：

```
clear all;
A=[1.11   1   0   0 ;1.21   1.11   1   0 ;1.331   1.21   1.11   1];
b=[440 484 532.4]';
lb=[0 0 0 0]';
ub=[400 1000 1000 1000]';
x0=[100   100   100   100]';
[x,fval]=fmincon('totle',x0,A,b[],[],lb,ub)
```

将程序以 li1_1fun m 文件名存盘，运行程序：

```
>>li1_1fun
x=
   84.2442
   107.6353
   128.9030
   148.2390
fval=
    –43.0821
```

最优资金使用方案见项目 1 表.

项目 1 表　资金最优使用方案

年　　数	第一年	第二年	第三年	第四年
现有资金/万元	400	347.4	263.8	148.2
使用资金/万元	84.2	107.6	128.9	148.2

4 年效益总和最大值为 T=43.08 万元。

项目 2

制订最优生产计划

工厂生产某种产品，每单位（千件）的成本为 1（千元），每次开工的固定成本为 3（千元），工厂每季度的最大生产能力为 6（千件）. 经调查，市场对该产品的需求量第一、第二、第三、第四季度分别为 2、3、2、4（千件）. 如果工厂在第一、第二季度将全年的需求都生产出来，自然可以降低成本（少付固定成本费），但是对于第三、第四季度才能上市的产品需要支付存储费，每季度每千件的存储费为 0.5（千元）. 规定年初和年末这种产品均无库存. 试制订一个生产计划，即安排每个季度的产量，使一年的总费用（生产成本和存储费）最少.

题目分析：先考虑成动态规划模型的条件

① 将生产的 4 个时期作为 4 个阶段，K=1,2,3,4.

② 状态变量 x_k 表示第 k 时期初的库存量. 由题意知 $x_1=0$.

③ 决策变量 u_k 表示第 k 时期的生产量. 则 $0\leqslant u_k \leqslant min\{u_{k+1}+d_k, 6\}$，其中 d_k 为第 k 时期的需求量.

④ 状态转移方程为 $x_{k+1}=x_k+u_k-d_k$.

⑤ 阶段指标 $V_k(u_k)$ 表示第 k 时期的生产成本 $C_k(u_k)$ 与库存量的存储费 $h_k(x_k)$ 之和，即 $V_k(u_k)=C_k(u_k)h_k(x_k)$. 其中 $h_k(x_k)=0.5x_k$.

$$C_k(u_k)=\begin{cases} 0 & (u_k=0) \\ 3+1u_k & (u_k=1,2,\cdots,6) \end{cases}$$

于是指标函数 $v_{1k}=\sum_{j=1}^{k} v_j(x_j)$，表示从第 1 时期到第 k 时期的总成本. 因此，基本方程为：

$$\begin{cases} f_k(x_k)=min\{v_k(x_k)+f_{k+1}(x_{k+1})|u_k\} \\ f_4(x_4)=0(k=3,2,1) \end{cases}$$

根据以上分析与建立的模型，编写出下面 3 个 M 函数，并在主程序中调用参考程序 dynprog.m 进行计算.

```
%M 函数 DecisF2_1
%在阶段 k 由状态变量 x 的值求出相应的决策变量的所有取值的函数
function u=DecisF2_1(k,x)
q=[2,3,2,4];
if q(k)-x<0          %决策变量不能取为负值
```

```
    u=0:6;
else
    u=q(k)-x:6;    %产量满足需求且超过 6
end
u=u(:);
%M 函数 ObjF2_1
%阶段 k 的指标函数
function v=ObjF2_1(k,x,u)
if u==0
    v=0.5*x
else
    v=3+u+0.5*x;
end
%M 函数 TransF2_1
%状态转移函数
function y= TransF2_1(k,x,u)
q=[2,3,2,4];
y=x+u-q(k);
%调用 dynprog.m 的主程序
>>clear all;
x=nan*ones(5,4); ;              %取 x 为 10 的倍数，x=0:10:70 所以取 8 行
x(1,1)=0                        %1 月初存储量为 0
x(1:5,2)=(0:4)';                %2 月初存储量为 0~4
x(1:5,3)=(0:4)';                %3 月初存储量为 0~4
x(1:5,4)=(0:4)';                %4 月初存储量为 0~4
[p,f]=dynprog(x,' DecisF2_1',' ObjF2_1',' TransF2_1')
```

运行程序，输出结果为：

```
p=
    1    0    2    5
    2    0    5    8
    3    2    0    1
    4    0    6    9
f=
    23
```

项目 3
最短路径

8 个城市之间有公路网，每条公路为下图中的边，边上的权数表示通过该公路所需的时间。假设你处在城市 v_1，那么从该城市到其他各城市，应选择什么路径使所需时间最少？

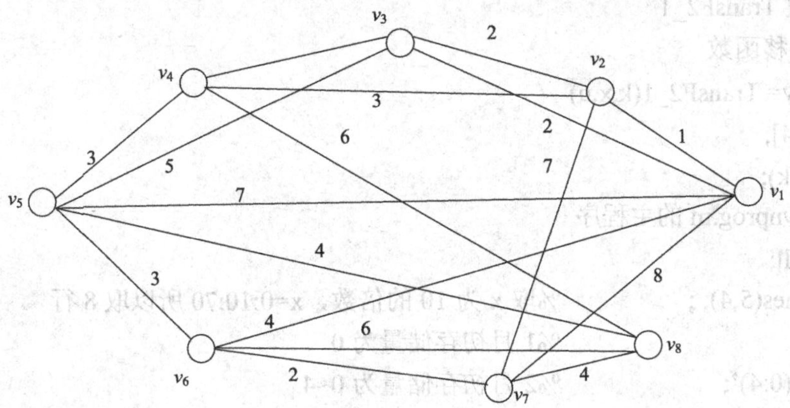

项目 3　图

题目分析：这是一个无向网，根据题意是要求寻找一条从 v_1 到其他个城市的最短路径，其实现的 MATLAB 程序代码如下.

```
>>clear all;
w=inf*ones(7);
w(1,[2,3,5,6,7])=[1,2,7,4,8];
w(2,[1,3,4,7])=[1,2,3,7];
w(3,[1,2,4,5])=[2,2,1,5];
w(4,[2,3,5,8])=[3,1,3,6];
w(5,[1,3,4,6,8])=[7,5,3,3,4];
w(6,[1,5,7,8])=[4,3,2,6];
w(7,[1,2,6,8])=[8,7,2,4];
w(8,[4,5,6,7])=[6,4,6,4];
[s,d]=minroute(1,8,w,1)
```

运行程序，输出结果为：

s=

1	1	1	1	1	1	1	1
0	8	8	8	8	6	8	8
0	2	3	3	5	0	7	0
0	0	0	4	0	0	0	0

d=

0	0	0	1	4	4	4	0

由 s 可知从 v_1 到其他各城市的最短路径，d 为相应的权值。

习题答案

习题一

1. （1）C；（2）B；（3）A；（4）D；（5）B；（6）B；（7）C；（8）A；（9）A；（10）B. （11）A；（12）C；（13）B；（14）D；（15）D；（16）D；（17）D；（18）C；（19）D；（20）C.

2. （1）$y=\arcsin 3^{\sqrt{x}}$.（2）$y=\ln u$，$u=\tan v$，$v=x^2$.（3）10.（4）−2.（5）0，$\frac{1}{2}$.（6）0，$+\infty$.（7）5，4.（8）2.（9）$2\pi R\mathrm{d}R$.（10）$f'(\mathrm{e}^x)\mathrm{e}^x\mathrm{d}x$.（11）$\ln(1+x)+c$.（12）$-\frac{1}{\omega}\cos\omega x+c$.（13）$-\frac{1}{2}\mathrm{e}^{-2x}+c$.（14）$\frac{1}{2}\tan 2x+c$.（15）$f(x)+c$.（16）$-\cos x+cx+c_1$.（17）$x^3+c$.（18）$\frac{1}{2}F(2x-3)+c$.（19）$\frac{1}{x}+c$.（20）$\int_c^b f(x)\mathrm{d}x$.（21）0.（22）0.（23）1,e.（24）$\frac{1}{\pi}$.

3. （1）$y=u^{\frac{1}{2}}$，$u=1-x^2$.（2）$y=\cos u$，$u=\frac{3}{2}x$.（3）$y=\ln u$，$u=v^2$，$v=\sin x$.（4）$y=u^2$，$u=\tan v$，$v=x+1$.

4.（1）不存在.（2）2.

5.（1）−2.（2）0.（3）8.（4）$\frac{1}{6}$.（5）0.（6）$3x^2$.（7）−3.（8）∞.（9）$\frac{3}{2}$.（10）2.

6.（1）$\frac{3}{2}$.（2）$\frac{1}{2}$.（3）$\frac{1}{3}$.（4）1.（5）e^4.（6）e^{-3}.（7）e^4.（8）e.

7.（1）$\pi^x\ln\pi+\pi x^{\pi-1}$.（2）$4x+\frac{5}{2}x^{\frac{3}{2}}$.（3）$2x\sin x+(1+x^2)\cos x$.（4）$\frac{x+\sin x}{1+\cos x}$.

8.（1）3，$\frac{5}{16}\pi^4$.（2）$\frac{3}{25}$，$\frac{17}{15}$.（3）$\frac{\sqrt{2}}{8}(2+\pi)$.（4）$-\frac{1}{18}$.

9. $(\frac{1}{2},\frac{9}{4})$，$(0,2)$.

10.（1）$8(2x+5)^3$.（2）$\frac{2x}{1+x^2}$.（3）$\frac{-x}{\sqrt{a^2-x^2}}$.（4）$\frac{\ln x-1}{\ln^2 x}$，$2^{\frac{x}{\ln x}}$，$\ln 2$.（5）$\frac{\mathrm{e}^{\arctan x}}{2\sqrt{x}(1+x)}$.

（6）$\csc x$.

11.（1）$\frac{-y}{x+y}$.（2）$\frac{e^y}{1-xe^y}$.

12.（1）$e^x(x+2)$.（2）$2\arctan x+\frac{2x}{1+x^2}$.（3）$(-1)^n\frac{n!}{x^{n+1}}$.

13.（1）$(-\frac{1}{x^2}+\frac{\sqrt{x}}{x})dx$.（2）$(\sin 2x+2x\cos 2x)dx$.（3）$-\frac{2\cos x}{(1+\sin x)^2}dx$.（4）$4x\tan(1+x^2)\sec^2(1+x^2)dx$.

14.（1）2.（2）∞.（3）1.（4）0.

15.(1)$\frac{2}{5}x^{\frac{5}{2}}+c$.(2)$\frac{a^x e^x}{1+\ln a}+c$.(3)$\sqrt{\frac{2h}{g}}+c$.(4)$3\arctan x-2\arcsin x+c$.(5)$x-\arctan x+c$.（6）$-(\cot x+\tan x)+c$.

16. $s=t^3+2t^2$.

17.（1）$-3\cos\frac{t}{3}+c$.（2）$-\frac{1}{2}\ln|-2x|+c$.（3）$\sqrt{x^2-2}+c$.（4）$\frac{1}{\cos x}+c$.（5）$\arcsin e^x+c$.（6）$-2\sqrt{1-x^2}-\arcsin x+c$.（7）$\sin x-\frac{\sin^3 x}{3}+c$.（8）$\frac{t}{2}+\frac{1}{4\omega}\sin 2(\omega t+\varphi)+c$.（9）$\sqrt{2x}-\ln|1+\sqrt{2x}|+c$.（10）$\frac{9}{2}\arcsin\frac{x}{3}-\frac{x}{2}\sqrt{9-x^2}+c$.（11）$\frac{x}{\sqrt{x^2+1}}+c$.（12）$\sqrt{x^2-9}-3\arccos\frac{3}{x}+c$.

18.（1）$-x\cos x+\sin x+c$.（2）$-e^{-x}(x+1)+c$.（3）$x\arcsin x+\sqrt{1-x^2}+c$.（4）$\frac{1}{2}x^2\ln x-\frac{1}{4}x^2+c$.（5）$-\frac{1}{2}x^4\cos x^2+x^2\sin x^2+\cos x^2+c$.（6）$-\frac{1}{4}x\cos 2x+\frac{1}{8}\sin 2x+c$.

19.（1）$\frac{21}{8}$.（2）$\frac{\pi}{6}$.（3）-1.（4）$\frac{5}{2}$.（5）$2+2\ln\frac{2}{3}$.（6）$2\sqrt{3}-1$.（7）$e-\sqrt{e}$.（8）$1-\frac{2}{e}$.（9）$\frac{\pi^2}{8}-1$.（10）$\frac{\pi}{4}-\frac{1}{2}$.（11）$\pi$.（12）发散.

20.（1）$y=\frac{3}{2}-\ln 2$.（2）$\frac{32}{3}$.（3）$\frac{2-\sqrt{2}}{3}$.（4）$\frac{9}{4}$.

21.（1）$\frac{4}{3}\pi a^2 b$.（2）$\frac{2}{5}\pi$.

22. 2.45（J）.

23. 1.47×10^5（N）.

实验部分略.

习题二

1.（1）B;（2）A;（3）D;（4）C;（5）C;（6）D;（7）B;（8）A;（9）C;（10）D;（11）C;（12）D;（13）B;（14）A;（15）D;（16）C;（17）B;（18）D;（19）C;（20）A;（21）C;（22）B.

2.（1）1,0,0；（2）$\begin{pmatrix} 1 & 0 \\ k\lambda & 0 \end{pmatrix}$；（3）$(-2)^5$；（4）$\boldsymbol{I}$；（5）$\dfrac{1}{2}$;(6) $\boldsymbol{A}^{-1}\boldsymbol{C}\boldsymbol{B}^{-1}$.

3.（1）$\sec^2 x$；（2）$1-2x$；（3）1；（4）5.

4. $x_1=-1, x_2=2, x_3=3$.

5. 证明略.

6.（1）$x_1=1, x_2=\dfrac{1}{3}, x_3=-\dfrac{1}{3}$；（2）$x_1=1, x_2=0, x_3=-2$.（3）略（4）略

7. $\begin{pmatrix} 0 & 6 & 1 \\ 6 & 2 & 0 \\ 1 & 0 & -2 \end{pmatrix}$ $\begin{pmatrix} 0 & -2 & 7 \\ 2 & 0 & -4 \\ -7 & 4 & 0 \end{pmatrix}$.

8. $\begin{pmatrix} 3 & 2 & 1 \\ 2 & 4 & 2 \\ 1 & 2 & 3 \end{pmatrix}$ $\begin{pmatrix} 0 & 5 & 3 \\ -5 & 0 & 2 \\ -3 & -2 & 0 \end{pmatrix}$.

9. $\begin{pmatrix} 4 & \dfrac{3}{2} \\ 3 & \dfrac{1}{2} \\ \dfrac{9}{2} & \dfrac{5}{2} \end{pmatrix}$.

10.（1）$\begin{pmatrix} 3 & 2 \\ 5 & 6 \end{pmatrix}$；（2）(0)；（3）$\begin{pmatrix} -4 & 2 & 0 \\ -2 & 1 & 0 \\ 2 & -1 & 0 \\ -4 & 2 & 0 \end{pmatrix}$；（4）$(9x^2-24xy+16y^2)$；（5）$\begin{pmatrix} 1 & 0 \\ 0 & 1 \end{pmatrix}$；

(6) $\begin{pmatrix} 2 & 0 \\ 3 & 2 \\ 1 & 4 \\ 0 & 1 \end{pmatrix}$.

11. $\begin{pmatrix} 2 & 2 & -2 \\ 2 & 0 & 0 \\ 4 & -4 & -2 \end{pmatrix}$.

12.（1）$\begin{pmatrix} 5 & -2 \\ -2 & 1 \end{pmatrix}$.（2）无逆矩阵.（3）$\begin{pmatrix} -\dfrac{5}{2} & 1 & -\dfrac{1}{2} \\ 5 & -1 & 1 \\ \dfrac{7}{2} & -1 & \dfrac{1}{2} \end{pmatrix}$.（4）$\begin{pmatrix} 1 & 0 & 0 & 0 \\ -2 & 1 & 0 & 0 \\ 1 & -2 & 1 & 0 \\ 0 & 1 & -2 & 1 \end{pmatrix}$.

13.（1）$\begin{pmatrix} 9 & -7 \\ -10 & 8 \end{pmatrix}$.（2）$\begin{pmatrix} 2 & 0 & -1 \\ 1 & -4 & 3 \\ 1 & -2 & 0 \end{pmatrix}$.

14. $x_1 = 2, \quad x_2 = -2, \quad x_3 = -3$.

15.（1）2.（2）3.

16.

$$\left(\begin{array}{cc:c} 0 & 1 & 2 \\ 1 & 0 & 0 \\ \hdashline 2 & -2 & 0 \\ 6 & 2 & 0 \end{array}\right).$$

17.（1）

$$\left(\begin{array}{c:cc} 3 & -2 & -2 \\ 1 & 2 & -2 \\ \hdashline 0 & 5 & 3 \end{array}\right).$$

（2）
$$\begin{pmatrix} a_1+4b_1 & a_2+4b_2 & a_3+4b_3+1 \\ 2a_1 & 2a_2 & 2a_3 \\ 3a_1-b_1 & 3a_2-b_2 & 3a_3-b_3 \\ 2a_1 & 2a_2 & 2a_3 \\ 2b_1 & 2b_2 & 2b_3 \end{pmatrix}.$$

18.（1）2.（2）3.

19.（1）$x_1 = 1, x_2 = 2, x_3 = 4$.（2）$x_1 = -2, x_2 = 1, x_3 = 3, x_4 = -1$.

20.（1）$x_1 = \dfrac{1}{2} + c_1, x_2 = c_1, x_3 = \dfrac{1}{2} + c_2, x_4 = c_2$.

（2）$x_1 = -8, x_2 = 3 + c, x_3 = 6 + 2c_2, x_4 = c$.

（3）$x_1 = 2, x_2 = 1, x_3 = -3$.

（4）$x_1 = \dfrac{1}{2}c, x_2 = \dfrac{5}{2}c, x_3 = c$.

（5）$x_1 = 0, x_2 = 0, x_3 = 0, x_4 = 0$.

21. $a = 0, \quad x_1 = -2 + c_1 + 5c_2, \quad x_2 = 3 - 2c_1 + 6c_2, \quad x_3 = c_1, \quad x_4 = c_2$.

实验部分略.

习题三

1.（1）A;（2）A;（3）C;（4）B;（5）D;（6）C;（7）C;（8）C;（9）B;（10）B;（11）B;（12）C;（13）C;（14）C;（15）D;（16）C;（17）A.

2.（1）列举,描述,$\{4,5,6,7\}$.

（2）$\{x | 1 \leqslant x \leqslant 100, x$ 被 12 整除 $, x \in 12\}, 8$.

（3）$\{\phi,\{1\},\{\{1\}\},\{1,\{1\}\}\}$.

（4）自反性,对称性,传递性；向反性，反对称性，传递性.

（5）$\{<1,1><1,2><2,1><2,4><4,2>\}$；

$\{<1,1><1,2><1,4>\}$.

（6）否定,析取,合取,条件,双条件.

（7）P,Q 都为 1，P,Q 都为 0，P 为 1，Q 为 0.

（8）$(1,0,0),(1,1,0),(1,0,1)$.

（9）$P(z)\to Q(x,z); R(x,z)$.

（10）7；2,2,2,3,3,4,4.

（11）4.

（12）10.

（13）9.

（14）$2^{k+1}-1$.

（15）28 度,7 个.

3.（1）$\begin{pmatrix}1&0&0&0\\1&1&0&0\\1&1&1&0\\1&1&1&0\end{pmatrix}$，约定次序为 1,2,3,4.

（2）R_1 是等价关系，R_2 不是等价关系，$[1]_{R_1}=\{1,2\},[3]_{R_1}=\{3,4\}$.

（3）$r(R)=\{<1,1><1,2><2,1><2,2><2,3><3,3>\}$，

$r(R)=\{<1,2><2,1><2,3><3,2>\}$，

$t(R)=\{<1,1><1,2><1,3><2,1><2,2><2,3>\}$.

（4）①略;②最大元 24,最小元无,极大元 24,极小元 2,3. ③上界 12,24 上确界 12,无下界,无下确界.

（5）真值为 1.

（6）、（7）、（8）、（9）略.

（10）① $n=51k,k\in N$ 时，$c_n=0$；$n=51k+17,51k+18,51k+34,k\in N$ 时，$c_n=1$.

② $n=17k$ 或 $3k,k\in N$ 时，$d_n=0$　$n=51k+1$ 或 $51k+35,k\in N$ 时，$d_n=1$.

（11）$a_n=\dfrac{(n^2+n+2)}{2}$.

（12）$\deg(v_1)=2,\deg(v_2)=3,\deg(v_3)=3,\deg(v_4)=3,\deg(v_5)=1,\deg(v_6)=0$，奇数度顶点 4 个.

（13）$<A,B><A,B,E><A,B,E,F><A,B,E,F,C><A,B,E,F,C,D>$.

（14）$<v_1,v_2><v_1,v_3><v_1,v_5><v_3,v_4>$.

附录

常用积分公式

一、含有 $ax+b$ 的积分($a\neq 0$)

1. $\int\frac{dx}{ax+b}=\frac{1}{a}\ln|ax+b|+C$

2. $\int(ax+b)^{\mu}dx=\frac{1}{a(\mu+1)}(ax+b)^{\mu+1}+C$ （$\mu\neq-1$）

3. $\int\frac{x}{ax+b}dx=\frac{1}{a^2}(ax+b-b\ln|ax+b|)+C$

4. $\int\frac{x^2}{ax+b}dx=\frac{1}{a^3}\left[\frac{1}{2}(ax+b)^2-2b(ax+b)+b^2\ln|ax+b|\right]+C$

5. $\int\frac{dx}{x(ax+b)}=-\frac{1}{b}\ln\left|\frac{ax+b}{x}\right|+C$

6. $\int\frac{dx}{x^2(ax+b)}=-\frac{1}{bx}+\frac{a}{b^2}\ln\left|\frac{ax+b}{x}\right|+C$

7. $\int\frac{x}{(ax+b)^2}dx=\frac{1}{a^2}(\ln|ax+b|+\frac{b}{ax+b})+C$

8. $\int\frac{x^2}{(ax+b)^2}dx=\frac{1}{a^3}(ax+b-2b\ln|ax+b|-\frac{b^2}{ax+b})+C$

9. $\int\frac{dx}{x(ax+b)^2}=\frac{1}{b(ax+b)}-\frac{1}{b^2}\ln\left|\frac{ax+b}{x}\right|+C$

二、含有 $\sqrt{ax+b}$ 的积分

10. $\int\sqrt{ax+b}dx=\frac{2}{3a}\sqrt{(ax+b)^3}+C$

11. $\int x\sqrt{ax+b}dx=\frac{2}{15a^2}(3ax-2b)\sqrt{(ax+b)^3}+C$

12. $\int x^2\sqrt{ax+b}dx=\frac{2}{105a^3}(15a^2x^2-12abx+8b^2)\sqrt{(ax+b)^3}+C$

13. $\int\frac{x}{\sqrt{ax+b}}dx=\frac{2}{3a^2}(ax-2b)\sqrt{ax+b}+C$

14. $\int \frac{x^2}{\sqrt{ax+b}} dx = \frac{2}{15a^3}(3a^2x^2 - 4abx + 8b^2)\sqrt{ax+b} + C$

15. $\int \frac{dx}{x\sqrt{ax+b}} = \begin{cases} \frac{1}{\sqrt{b}} \ln\left|\frac{\sqrt{ax+b}-\sqrt{b}}{\sqrt{ax+b}+\sqrt{b}}\right| + C & (b>0) \\ \frac{2}{\sqrt{-b}} \arctan\sqrt{\frac{ax+b}{-b}} + C & (b<0) \end{cases}$

16. $\int \frac{dx}{x^2\sqrt{ax+b}} = -\frac{\sqrt{ax+b}}{bx} - \frac{a}{2b}\int \frac{dx}{x\sqrt{ax+b}}$

17. $\int \frac{\sqrt{ax+b}}{x} dx = 2\sqrt{ax+b} + b\int \frac{dx}{x\sqrt{ax+b}}$

18. $\int \frac{\sqrt{ax+b}}{x^2} dx = -\frac{\sqrt{ax+b}}{x} + \frac{a}{2}\int \frac{dx}{x\sqrt{ax+b}}$

三、含有 $x^2 \pm a^2$ 的积分

19. $\int \frac{dx}{x^2+a^2} = \frac{1}{a}\arctan\frac{x}{a} + C$

20. $\int \frac{dx}{(x^2+a^2)^n} = \frac{x}{2(n-1)a^2(x^2+a^2)^{n-1}} + \frac{2n-3}{2(n-1)a^2}\int \frac{dx}{(x^2+a^2)^{n-1}}$

21. $\int \frac{dx}{x^2-a^2} = \frac{1}{2a}\ln\left|\frac{x-a}{x+a}\right| + C$

四、含有 $ax^2+b(a>0)$ 的积分

22. $\int \frac{dx}{ax^2+b} = \begin{cases} \frac{1}{\sqrt{ab}} \arctan\sqrt{\frac{a}{b}}x + C & (b>0) \\ \frac{1}{2\sqrt{-ab}} \ln\left|\frac{\sqrt{a}x-\sqrt{-b}}{\sqrt{a}x+\sqrt{-b}}\right| + C & (b<0) \end{cases}$

23. $\int \frac{x}{ax^2+b} dx = \frac{1}{2a}\ln\left|ax^2+b\right| + C$

24. $\int \frac{x^2}{ax^2+b} dx = \frac{x}{a} - \frac{b}{a}\int \frac{dx}{ax^2+b}$

25. $\int \frac{dx}{x(ax^2+b)} = \frac{1}{2b}\ln\frac{x^2}{\left|ax^2+b\right|} + C$

26. $\int \frac{dx}{x^2(ax^2+b)} = -\frac{1}{bx} - \frac{a}{b}\int \frac{dx}{ax^2+b}$

27. $\int \frac{dx}{x^3(ax^2+b)} = \frac{a}{2b^2}\ln\frac{\left|ax^2+b\right|}{x^2} - \frac{1}{2bx^2} + C$

28. $\int\frac{\mathrm{d}x}{(ax^2+b)^2}=\frac{x}{2b(ax^2+b)}+\frac{1}{2b}\int\frac{\mathrm{d}x}{ax^2+b}$

五、含有 ax^2+bx+c $(a>0)$ 的积分

29. $$\int\frac{\mathrm{d}x}{ax^2+bx+c}=\begin{cases}\frac{2}{\sqrt{4ac-b^2}}\arctan\frac{2ax+b}{\sqrt{4ac-b^2}}+C & (b^2<4ac)\\ \frac{1}{\sqrt{b^2-4ac}}\ln\left|\frac{2ax+b-\sqrt{b^2-4ac}}{2ax+b+\sqrt{b^2-4ac}}\right|+C & (b^2>4ac)\end{cases}$$

30. $\int\frac{x}{ax^2+bx+c}\mathrm{d}x=\frac{1}{2a}\ln\left|ax^2+bx+c\right|-\frac{b}{2a}\int\frac{\mathrm{d}x}{ax^2+bx+c}$

六、含有 $\sqrt{x^2+a^2}$ $(a>0)$ 的积分

31. $\int\frac{\mathrm{d}x}{\sqrt{x^2+a^2}}=\operatorname{arsh}\frac{x}{a}+C_1=\ln(x+\sqrt{x^2+a^2})+C$

32. $\int\frac{\mathrm{d}x}{\sqrt{(x^2+a^2)^3}}=\frac{x}{a^2\sqrt{x^2+a^2}}+C$

33. $\int\frac{x}{\sqrt{x^2+a^2}}\mathrm{d}x=\sqrt{x^2+a^2}+C$

34. $\int\frac{x}{\sqrt{(x^2+a^2)^3}}\mathrm{d}x=-\frac{1}{\sqrt{x^2+a^2}}+C$

35. $\int\frac{x^2}{\sqrt{x^2+a^2}}\mathrm{d}x=\frac{x}{2}\sqrt{x^2+a^2}-\frac{a^2}{2}\ln(x+\sqrt{x^2+a^2})+C$

36. $\int\frac{x^2}{\sqrt{(x^2+a^2)^3}}\mathrm{d}x=-\frac{x}{\sqrt{x^2+a^2}}+\ln(x+\sqrt{x^2+a^2})+C$

37. $\int\frac{\mathrm{d}x}{x\sqrt{x^2+a^2}}=\frac{1}{a}\ln\frac{\sqrt{x^2+a^2}-a}{|x|}+C$

38. $\int\frac{\mathrm{d}x}{x^2\sqrt{x^2+a^2}}=-\frac{\sqrt{x^2+a^2}}{a^2x}+C$

39. $\int\sqrt{x^2+a^2}\mathrm{d}x=\frac{x}{2}\sqrt{x^2+a^2}+\frac{a^2}{2}\ln(x+\sqrt{x^2+a^2})+C$

40. $\int\sqrt{(x^2+a^2)^3}\mathrm{d}x=\frac{x}{8}(2x^2+5a^2)\sqrt{x^2+a^2}+\frac{3}{8}a^4\ln(x+\sqrt{x^2+a^2})+C$

41. $\int x\sqrt{x^2+a^2}\mathrm{d}x=\frac{1}{3}\sqrt{(x^2+a^2)^3}+C$

42. $\int x^2\sqrt{x^2+a^2}\mathrm{d}x=\frac{x}{8}(2x^2+a^2)\sqrt{x^2+a^2}-\frac{a^4}{8}\ln(x+\sqrt{x^2+a^2})+C$

43. $\int \frac{\sqrt{x^2+a^2}}{x}dx = \sqrt{x^2+a^2} + a\ln\frac{\sqrt{x^2+a^2}-a}{|x|} + C$

44. $\int \frac{\sqrt{x^2+a^2}}{x^2}dx = -\frac{\sqrt{x^2+a^2}}{x} + \ln(x+\sqrt{x^2+a^2}) + C$

七、含有 $\sqrt{x^2-a^2}$ $(a>0)$ 的积分

45. $\int \frac{dx}{\sqrt{x^2-a^2}} = \frac{x}{|x|}\text{arch}\frac{|x|}{a} + C_1 = \ln\left|x+\sqrt{x^2-a^2}\right| + C$

46. $\int \frac{dx}{\sqrt{(x^2-a^2)^3}} = -\frac{x}{a^2\sqrt{x^2-a^2}} + C$

47. $\int \frac{x}{\sqrt{x^2-a^2}}dx = \sqrt{x^2-a^2} + C$

48. $\int \frac{x}{\sqrt{(x^2-a^2)^3}}dx = -\frac{1}{\sqrt{x^2-a^2}} + C$

49. $\int \frac{x^2}{\sqrt{x^2-a^2}}dx = \frac{x}{2}\sqrt{x^2-a^2} + \frac{a^2}{2}\ln\left|x+\sqrt{x^2-a^2}\right| + C$

50. $\int \frac{x^2}{\sqrt{(x^2-a^2)^3}}dx = -\frac{x}{\sqrt{x^2-a^2}} + \ln\left|x+\sqrt{x^2-a^2}\right| + C$

51. $\int \frac{dx}{x\sqrt{x^2-a^2}} = \frac{1}{a}\arccos\frac{a}{|x|} + C$

52. $\int \frac{dx}{x^2\sqrt{x^2-a^2}} = \frac{\sqrt{x^2-a^2}}{a^2x} + C$

53. $\int \sqrt{x^2-a^2}dx = \frac{x}{2}\sqrt{x^2-a^2} - \frac{a^2}{2}\ln\left|x+\sqrt{x^2-a^2}\right| + C$

54. $\int \sqrt{(x^2-a^2)^3}dx = \frac{x}{8}(2x^2-5a^2)\sqrt{x^2-a^2} + \frac{3}{8}a^4\ln\left|x+\sqrt{x^2-a^2}\right| + C$

55. $\int x\sqrt{x^2-a^2}dx = \frac{1}{3}\sqrt{(x^2-a^2)^3} + C$

56. $\int x^2\sqrt{x^2-a^2}dx = \frac{x}{8}(2x^2-a^2)\sqrt{x^2-a^2} - \frac{a^4}{8}\ln\left|x+\sqrt{x^2-a^2}\right| + C$

57. $\int \frac{\sqrt{x^2-a^2}}{x}dx = \sqrt{x^2-a^2} - a\arccos\frac{a}{|x|} + C$

58. $\int \frac{\sqrt{x^2-a^2}}{x^2}dx = -\frac{\sqrt{x^2-a^2}}{x} + \ln\left|x+\sqrt{x^2-a^2}\right| + C$

八、含有 $\sqrt{a^2-x^2}$ $(a>0)$ 的积分

59. $\int \frac{dx}{\sqrt{a^2-x^2}} = \arcsin\frac{x}{a} + C$

60. $\int \frac{dx}{\sqrt{(a^2-x^2)^3}} = \frac{x}{a^2\sqrt{a^2-x^2}} + C$

61. $\int \frac{x}{\sqrt{a^2-x^2}}\mathrm{d}x = -\sqrt{a^2-x^2}+C$

62. $\int \frac{x}{\sqrt{(a^2-x^2)^3}}\mathrm{d}x = \frac{1}{\sqrt{a^2-x^2}}+C$

63. $\int \frac{x^2}{\sqrt{a^2-x^2}}\mathrm{d}x = -\frac{x}{2}\sqrt{a^2-x^2}+\frac{a^2}{2}\arcsin\frac{x}{a}+C$

64. $\int \frac{x^2}{\sqrt{(a^2-x^2)^3}}\mathrm{d}x = \frac{x}{\sqrt{a^2-x^2}}-\arcsin\frac{x}{a}+C$

65. $\int \frac{\mathrm{d}x}{x\sqrt{a^2-x^2}} = \frac{1}{a}\ln\frac{a-\sqrt{a^2-x^2}}{|x|}+C$

66. $\int \frac{\mathrm{d}x}{x^2\sqrt{a^2-x^2}} = -\frac{\sqrt{a^2-x^2}}{a^2x}+C$

67. $\int \sqrt{a^2-x^2}\,\mathrm{d}x = \frac{x}{2}\sqrt{a^2-x^2}+\frac{a^2}{2}\arcsin\frac{x}{a}+C$

68. $\int \sqrt{(a^2-x^2)^3}\,\mathrm{d}x = \frac{x}{8}(5a^2-2x^2)\sqrt{a^2-x^2}+\frac{3}{8}a^4\arcsin\frac{x}{a}+C$

69. $\int x\sqrt{a^2-x^2}\,\mathrm{d}x = -\frac{1}{3}\sqrt{(a^2-x^2)^3}+C$

70. $\int x^2\sqrt{a^2-x^2}\,\mathrm{d}x = \frac{x}{8}(2x^2-a^2)\sqrt{a^2-x^2}+\frac{a^4}{8}\arcsin\frac{x}{a}+C$

71. $\int \frac{\sqrt{a^2-x^2}}{x}\mathrm{d}x = \sqrt{a^2-x^2}+a\ln\frac{a-\sqrt{a^2-x^2}}{|x|}+C$

72. $\int \frac{\sqrt{a^2-x^2}}{x^2}\mathrm{d}x = -\frac{\sqrt{a^2-x^2}}{x}-\arcsin\frac{x}{a}+C$

九、含有 $\sqrt{\pm ax^2+bx+c}$ $(a>0)$ 的积分

73. $\int \frac{\mathrm{d}x}{\sqrt{ax^2+bx+c}} = \frac{1}{\sqrt{a}}\ln\left|2ax+b+2\sqrt{a}\sqrt{ax^2+bx+c}\right|+C$

74. $$\int \sqrt{ax^2+bx+c}\,\mathrm{d}x = \frac{2ax+b}{4a}\sqrt{ax^2+bx+c}$$
$$+\frac{4ac-b^2}{8\sqrt{a^3}}\ln\left|2ax+b+2\sqrt{a}\sqrt{ax^2+bx+c}\right|+C$$

75. $$\int \frac{x}{\sqrt{ax^2+bx+c}}\mathrm{d}x = \frac{1}{a}\sqrt{ax^2+bx+c}$$
$$-\frac{b}{2\sqrt{a^3}}\ln\left|2ax+b+2\sqrt{a}\sqrt{ax^2+bx+c}\right|+C$$

76. $\int \frac{\mathrm{d}x}{\sqrt{c+bx-ax^2}} = -\frac{1}{\sqrt{a}}\arcsin\frac{2ax-b}{\sqrt{b^2+4ac}}+C$

77. $\int\sqrt{c+bx-ax^2}\mathrm{d}x=\frac{2ax-b}{4a}\sqrt{c+bx-ax^2}+\frac{b^2+4ac}{8\sqrt{a^3}}\arcsin\frac{2ax-b}{\sqrt{b^2+4ac}}+C$

78. $\int\frac{x}{\sqrt{c+bx-ax^2}}\mathrm{d}x=-\frac{1}{a}\sqrt{c+bx-ax^2}+\frac{b}{2\sqrt{a^3}}\arcsin\frac{2ax-b}{\sqrt{b^2+4ac}}+C$

十、含有$\sqrt{\pm\frac{x-a}{x-b}}$或$\sqrt{(x-a)(b-x)}$的积分

79. $\int\sqrt{\frac{x-a}{x-b}}\mathrm{d}x=(x-b)\sqrt{\frac{x-a}{x-b}}+(b-a)\ln(\sqrt{|x-a|}+\sqrt{|x-b|})+C$

80. $\int\sqrt{\frac{x-a}{b-x}}\mathrm{d}x=(x-b)\sqrt{\frac{x-a}{b-x}}+(b-a)\arcsin\sqrt{\frac{x-a}{b-x}}+C$

81. $\int\frac{\mathrm{d}x}{\sqrt{(x-a)(b-x)}}=2\arcsin\sqrt{\frac{x-a}{b-x}}+C \quad (a<b)$

82. $\int\sqrt{(x-a)(b-x)}\mathrm{d}x=\frac{2x-a-b}{4}\sqrt{(x-a)(b-x)}+\frac{(b-a)^2}{4}\arcsin\sqrt{\frac{x-a}{b-x}}+C$

$(a<b)$

十一、含有三角函数的积分

83. $\int\sin x\mathrm{d}x=-\cos x+C$

84. $\int\cos x\mathrm{d}x=\sin x+C$

85. $\int\tan x\mathrm{d}x=-\ln|\cos x|+C$

86. $\int\cot x\mathrm{d}x=\ln|\sin x|+C$

87. $\int\sec x\mathrm{d}x=\ln\left|\tan(\frac{\pi}{4}+\frac{x}{2})\right|+C=\ln|\sec x+\tan x|+C$

88. $\int\csc x\mathrm{d}x=\ln\left|\tan\frac{x}{2}\right|+C=\ln|\csc x-\cot x|+C$

89. $\int\sec^2 x\mathrm{d}x=\tan x+C$

90. $\int\csc^2 x\mathrm{d}x=-\cot x+C$

91. $\int\sec x\tan x\mathrm{d}x=\sec x+C$

92. $\int\csc x\cot x\mathrm{d}x=-\csc x+C$

93. $\int\sin^2 x\mathrm{d}x=\frac{x}{2}-\frac{1}{4}\sin 2x+C$

94. $\int\cos^2 x\mathrm{d}x=\frac{x}{2}+\frac{1}{4}\sin 2x+C$

95. $\int\sin^n x\mathrm{d}x=-\frac{1}{n}\sin^{n-1}x\cos x+\frac{n-1}{n}\int\sin^{n-2}x\mathrm{d}x$

96. $\int\cos^n x\mathrm{d}x=\frac{1}{n}\cos^{n-1}x\sin x+\frac{n-1}{n}\int\cos^{n-2}x\mathrm{d}x$

97. $\int\frac{\mathrm{d}x}{\sin^n x}=-\frac{1}{n-1}\cdot\frac{\cos x}{\sin^{n-1}x}+\frac{n-2}{n-1}\int\frac{\mathrm{d}x}{\sin^{n-2}x}$

98. $\int\frac{dx}{\cos^n x}=\frac{1}{n-1}\cdot\frac{\sin x}{\cos^{n-1}x}+\frac{n-2}{n-1}\int\frac{dx}{\cos^{n-2}x}$

99. $\int\cos^m x\sin^n x dx=\frac{1}{m+n}\cos^{m-1}x\sin^{n+1}x+\frac{m-1}{m+n}\int\cos^{m-2}x\sin^n x dx$

$=-\frac{1}{m+n}\cos^{m+1}x\sin^{n-1}x+\frac{n-1}{m+n}\int\cos^m x\sin^{n-2}x dx$

100. $\int\sin ax\cos bx dx=-\frac{1}{2(a+b)}\cos(a+b)x-\frac{1}{2(a-b)}\cos(a-b)x+C$

101. $\int\sin ax\sin bx dx=-\frac{1}{2(a+b)}\sin(a+b)x+\frac{1}{2(a-b)}\sin(a-b)x+C$

102. $\int\cos ax\cos bx dx=\frac{1}{2(a+b)}\sin(a+b)x+\frac{1}{2(a-b)}\sin(a-b)x+C$

103. $\int\frac{dx}{a+b\sin x}=\frac{2}{\sqrt{a^2-b^2}}\arctan\frac{a\tan\frac{x}{2}+b}{\sqrt{a^2-b^2}}+C\quad(a^2>b^2)$

104. $\int\frac{dx}{a+b\sin x}=\frac{1}{\sqrt{b^2-a^2}}\ln\left|\frac{a\tan\frac{x}{2}+b-\sqrt{b^2-a^2}}{a\tan\frac{x}{2}+b+\sqrt{b^2-a^2}}\right|+C\quad(a^2<b^2)$

105. $\int\frac{dx}{a+b\cos x}=\frac{2}{a+b}\sqrt{\frac{a+b}{a-b}}\arctan(\sqrt{\frac{a-b}{a+b}}\tan\frac{x}{2})+C\quad(a^2>b^2)$

106. $\int\frac{dx}{a+b\cos x}=\frac{1}{a+b}\sqrt{\frac{a+b}{b-a}}\ln\left|\frac{\tan\frac{x}{2}+\sqrt{\frac{a+b}{b-a}}}{\tan\frac{x}{2}-\sqrt{\frac{a+b}{b-a}}}\right|+C\quad(a^2<b^2)$

107. $\int\frac{dx}{a^2\cos^2 x+b^2\sin^2 x}=\frac{1}{ab}\arctan(\frac{b}{a}\tan x)+C$

108. $\int\frac{dx}{a^2\cos^2 x-b^2\sin^2 x}=\frac{1}{2ab}\ln\left|\frac{b\tan x+a}{b\tan x-a}\right|+C$

109. $\int x\sin ax dx=\frac{1}{a^2}\sin ax-\frac{1}{a}x\cos ax+C$

110. $\int x^2\sin ax dx=-\frac{1}{a}x^2\cos ax+\frac{2}{a^2}x\sin ax+\frac{2}{a^3}\cos ax+C$

111. $\int x\cos ax dx=\frac{1}{a^2}\cos ax+\frac{1}{a}x\sin ax+C$

112. $\int x^2\cos ax dx=\frac{1}{a}x^2\sin ax+\frac{2}{a^2}x\cos ax-\frac{2}{a^3}\sin ax+C$

十二、含有反三角函数的积分（其中$a>0$）

113. $\int\arcsin\frac{x}{a}dx=x\arcsin\frac{x}{a}+\sqrt{a^2-x^2}+C$

114. $\int x\arcsin\frac{x}{a}dx=(\frac{x^2}{2}-\frac{a^2}{4})\arcsin\frac{x}{a}+\frac{x}{4}\sqrt{a^2-x^2}+C$

115. $\int x^2\arcsin\frac{x}{a}\mathrm{d}x=\frac{x^3}{3}\arcsin\frac{x}{a}+\frac{1}{9}(x^2+2a^2)\sqrt{a^2-x^2}+C$

116. $\int\arccos\frac{x}{a}\mathrm{d}x=x\arccos\frac{x}{a}-\sqrt{a^2-x^2}+C$

117. $\int x\arccos\frac{x}{a}\mathrm{d}x=(\frac{x^2}{2}-\frac{a^2}{4})\arccos\frac{x}{a}-\frac{x}{4}\sqrt{a^2-x^2}+C$

118. $\int x^2\arccos\frac{x}{a}\mathrm{d}x=\frac{x^3}{3}\arccos\frac{x}{a}-\frac{1}{9}(x^2+2a^2)\sqrt{a^2-x^2}+C$

119. $\int\arctan\frac{x}{a}\mathrm{d}x=x\arctan\frac{x}{a}-\frac{a}{2}\ln(a^2+x^2)+C$

120. $\int x\arctan\frac{x}{a}\mathrm{d}x=\frac{1}{2}(a^2+x^2)\arctan\frac{x}{a}-\frac{a}{2}x+C$

121. $\int x^2\arctan\frac{x}{a}\mathrm{d}x=\frac{x^3}{3}\arctan\frac{x}{a}-\frac{a}{6}x^2+\frac{a^3}{6}\ln(a^2+x^2)+C$

十三、含有指数函数的积分

122. $\int a^x\mathrm{d}x=\frac{1}{\ln a}a^x+C$

123. $\int \mathrm{e}^{ax}\mathrm{d}x=\frac{1}{a}\mathrm{e}^{ax}+C$

124. $\int x\mathrm{e}^{ax}\mathrm{d}x=\frac{1}{a^2}(ax-1)\mathrm{e}^{ax}+C$

125. $\int x^n\mathrm{e}^{ax}\mathrm{d}x=\frac{1}{a}x^n\mathrm{e}^{ax}-\frac{n}{a}\int x^{n-1}\mathrm{e}^{ax}\mathrm{d}x$

126. $\int xa^x\mathrm{d}x=\frac{x}{\ln a}a^x-\frac{1}{(\ln a)^2}a^x+C$

127. $\int x^na^x\mathrm{d}x=\frac{1}{\ln a}x^na^x-\frac{n}{\ln a}\int x^{n-1}a^x\mathrm{d}x$

128. $\int \mathrm{e}^{ax}\sin bx\mathrm{d}x=\frac{1}{a^2+b^2}\mathrm{e}^{ax}(a\sin bx-b\cos bx)+C$

129. $\int \mathrm{e}^{ax}\cos bx\mathrm{d}x=\frac{1}{a^2+b^2}\mathrm{e}^{ax}(b\sin bx+a\cos bx)+C$

130. $\int \mathrm{e}^{ax}\sin^n bx\mathrm{d}x=\frac{1}{a^2+b^2n^2}\mathrm{e}^{ax}\sin^{n-1}bx(a\sin bx-nb\cos bx)$

$$+\frac{n(n-1)b^2}{a^2+b^2n^2}\int \mathrm{e}^{ax}\sin^{n-2}bx\mathrm{d}x$$

131. $\int \mathrm{e}^{ax}\cos^n bx\mathrm{d}x=\frac{1}{a^2+b^2n^2}\mathrm{e}^{ax}\cos^{n-1}bx(a\cos bx+nb\sin bx)$

$$+\frac{n(n-1)b^2}{a^2+b^2n^2}\int \mathrm{e}^{ax}\cos^{n-2}bx\mathrm{d}x$$

十四、含有对数函数的积分

132. $\int\ln x\mathrm{d}x=x\ln x-x+C$

133. $\int\frac{\mathrm{d}x}{x\ln x}=\ln\left|\ln x\right|+C$

134. $\int x^n\ln x\mathrm{d}x=\frac{1}{n+1}x^{n+1}(\ln x-\frac{1}{n+1})+C$

135. $\int(\ln x)^n\mathrm{d}x=x(\ln x)^n-n\int(\ln x)^{n-1}\mathrm{d}x$

136. $\int x^m(\ln x)^n\mathrm{d}x=\frac{1}{m+1}x^{m+1}(\ln x)^n-\frac{n}{m+1}\int x^m(\ln x)^{n-1}\mathrm{d}x$

十五、含有双曲函数的积分

137. $\int\mathrm{sh}x\mathrm{d}x=\mathrm{ch}x+C$

138. $\int\mathrm{ch}x\mathrm{d}x=\mathrm{sh}x+C$

139. $\int\mathrm{th}x\mathrm{d}x=\ln\mathrm{ch}x+C$

140. $\int\mathrm{sh}^2x\mathrm{d}x=-\frac{x}{2}+\frac{1}{4}\mathrm{sh}2x+C$

141. $\int\mathrm{ch}^2x\mathrm{d}x=\frac{x}{2}+\frac{1}{4}\mathrm{sh}2x+C$

十六、定积分

142. $\int_{-\pi}^{\pi}\cos nx\mathrm{d}x=\int_{-\pi}^{\pi}\sin nx\mathrm{d}x=0$

143. $\int_{-\pi}^{\pi}\cos mx\sin nx\mathrm{d}x=0$

144. $\int_{-\pi}^{\pi}\cos mx\cos nx\mathrm{d}x=\begin{cases}0, & m\neq n\\ \pi, & m=n\end{cases}$

145. $\int_{-\pi}^{\pi}\sin mx\sin nx\mathrm{d}x=\begin{cases}0, & m\neq n\\ \pi, & m=n\end{cases}$

146. $\int_{0}^{\pi}\sin mx\sin nx\mathrm{d}x=\int_{0}^{\pi}\cos mx\cos nx\mathrm{d}x=\begin{cases}0, & m\neq n\\ \frac{\pi}{2}, & m=n\end{cases}$

147. $I_n=\int_0^{\frac{\pi}{2}}\sin^n x\mathrm{d}x=\int_0^{\frac{\pi}{2}}\cos^n x\mathrm{d}x$

$I_n=\frac{n-1}{n}I_{n-2}$

$I_n=\frac{n-1}{n}\cdot\frac{n-3}{n-2}\cdot\cdots\cdot\frac{4}{5}\cdot\frac{2}{3}$ （n为大于1的正奇数），$I_1=1$

$I_n=\frac{n-1}{n}\cdot\frac{n-3}{n-2}\cdot\cdots\cdot\frac{3}{4}\cdot\frac{1}{2}\cdot\frac{\pi}{2}$ （n为正偶数），$I_0=\frac{\pi}{2}$

参 考 文 献

[1] 高世贵，王艳天. 计算机数学. 北京：北京大学出版社，2011.
[2] 同济大学数学系. 高等数学. 北京：高等教育出版社，2007.
[3] 张志涌等. 精通 MATLAB. 北京：北京航空航天大学出版社，2003.
[4] 郑阿奇，曹弋. MATLAB 实用教程. 北京：电子工业出版社，2012.
[5] 马莉. MATLAB 数学实验与建模. 北京：清华大学出版社，2010.
[6] 李海涛，邓樱. MATLAB 程序设计教程. 北京：高等教育出版社，2002.
[7] 陈杰. MATLAB 宝典. 北京：电子工业出版社，2013.